Delius Klasing

EDITION MOBY DICK

A.B.A.T.E.
of So. Dak. Inc.
NCOM
RETAIL
WHOLESALE
LEATHERS
RATS
HOLE
BINGO

1

2

3

4

Hard Rock
CAFE
LONDON

Erste Veröffentlichung 1998 von Booth-Clibborn Editions, London, zusammen mit Barbican Art Gallery anlässlich der Ausstellung *The Art of the Harley*

Die Deutsche Bibliothek – CIP-Einheitsaufnahme

Custom-Harleys – Kunstwerke auf Rädern :
[anlässlich der Ausstellung The Art of the Harley,
22. 1. bis 26. 4. 1998, zusammen mit Barbican Art Gallery] /
[Übertr. aus dem Engl.: Hans Dölzer.
Hrsg. von Conrad Bodman]. – Kiel : Moby Dick Verlag, 1999
(Delius Klasing – Edition Moby Dick)
Einheitssacht.: The art of the Harley <dt.>
ISBN 3-89595-145-5

1. Auflage
ISBN 3-89595-145-5
Die Rechte für die deutsche Ausgabe liegen beim
Moby Dick Verlag, Kaistraße 33, D-24103 Kiel

Aus dem Englischen von Hans Dölzer
Schutzumschlaggestaltung:
Buchholz/Hinsch/Hensinger, Hamburg
Druck: Bentrup Druckdienste, Bielefeld
Printed in Germany 1999

Vertrieb: Delius Klasing Verlag, Siekerwall 21, D-33602 Bielefeld
Tel.: 05 21 / 559-0, Fax: 05 21 / 559-113
e-mail: info@delius-klasing.de
http://www.delius-klasing.de

CUSTOM-HARLEYS

Kunstwerke auf Rädern

Delius Klasing
EDITION MOBY DICK

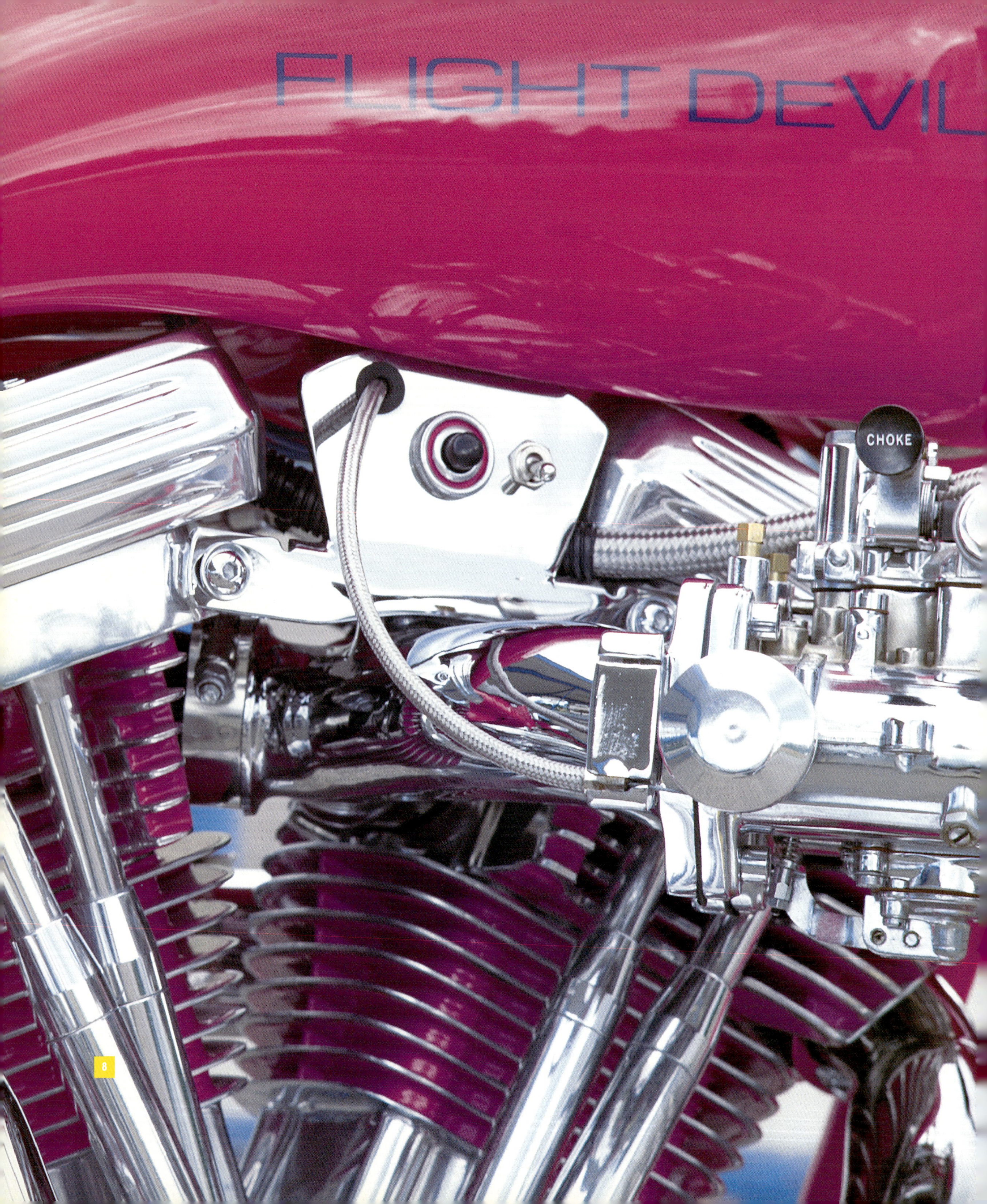
FLIGHT DEVIL
CHOKE

Inhalt

8 *Flight DeVille*
von Tank Ewsichek

9
10 Abenddämmerung bei der
Daytona Bike Week in Florida

Vorwort

Gefragt, was typisch für Amerika wäre, würden wir alle wohl zuerst eine Liste von Eigenschaften erstellen, Landschaften, Produkten und Aktivitäten, die uns »amerikanisch« erscheinen; und diese Liste würde unvermeidlich länger und länger werden. Zur Erinnerung: Alles und jedes in Amerika ist RIESIG – zumindest scheint es einem Europäer so.

Als die Mitarbeiter der Barbican Art Gallery gebeten wurden, ein Programm von Ausstellungen vorzuschlagen, die sich für ein Amerika-Festival eignen würden, wurde unsere Wunschliste länger und länger – bis wir uns fragten, was denn wirklich einzigartig amerikanisch sei; was den inneren Charakter des Landes in einer Ausstellung zeigen könnte. Durch die Globalisierung der Kultur in den letzten 50 Jahren wird es immer schwerer, Elemente zu entdecken, die nach wie vor typisch für ein bestimmtes Land sind. Internationale kulturelle Einflüsse durchdringen und verändern ursprüngliche Eigenschaften und Kunstausstellungen offenbaren dies unvermeidlich, sobald sie sich mit dem Schmelztiegel Amerika befassen.

Als mein Kollege Carol Brown und ich darüber nachdachten, stieß ich auf eine außergewöhnliche Spur. Harley-Davidson ist heute der einzige Großserienhersteller von Motorrädern, der in den USA übrig blieb; eine Ausstellung, die sich mit der Kunst des Customizing seiner Maschinen beschäftigt, hat sowohl einzigartig Amerikanisches an Pracht und Gestaltung als auch die Treue zu einem sehr beständigen Produkt mit reicher Tradition zum Thema.

Die Ausstellung *The Art of the Harley* unterscheidet sich von allen anderen, die ich zuvor organisiert habe. Wenn sie auch eine Vorläuferin hatte – die *Bike Art,* die Michael Diamonds Team für die Gas Hall in Birmingham entwarf und von der wir Anregungen erhielten –, so hat unsere Ausstellung doch mehr »Ahs!« und »Ohs!« erhalten als alle anderen, die ich in der Barbican Art Gallery gesehen habe, und dies auf Grund ihrer Einzigartigkeit. Zeigte ich bespielsweise einem nichts ahnenden Publikum Bilder von Arlen Ness' *Ferrari Bike* oder *Two Bad*, so war die Reaktion unmittelbare Begeisterung; und niemand fragte, ob wir denn eine »richtige« Kunstausstellung machen würden, eine, die sich dem behandelten Kulturphänomen einfühlsam nähere.

Es ist unerhört, das Umbauen und Gestalten von Motorrädern auf die Ebene einer Kunstform zu heben. Doch gerade diese Unverschämtheit des Projektes, seine überladene Wildheit und seine Vielseitigkeit haben die Besucher davon überzeugt, dass *The Art of the Harley* einzigartig ist.

Die Realisierung der Ausstellung wäre nicht möglich gewesen ohne Unterstützung von vielen Seiten. Besonders möchte ich Willie G. Davidson und seinen Kollegen bei Harley-Davidson in Milwaukee danken, einschließlich Steven J. Piehl und Dr. Marty Rosenblum; ebenso David Taylor, Jeremy Pick und Roy Pinto von Harley-Davidson England. Unser Sponsor John Warr war mit großer Leidenschaft dabei und ich möchte ihm und dem Team von Warrs Harley-Davidson in London für Hilfe und Ermutigung danken.

Tim Remus, dessen Bücher mir die Wunderwelt des Harley-Customizing öffneten, war richtungsweisend bei dem Projekt und wählte die amerikanischen Motorräder der Ausstellung aus. Conrad Bodman (Ausstel-

11 John Hoole auf der *FXR-SS* von Battistinis Custom Cycles

lungs-Organisator) steuerte die Schau zum Erfolg und schließt sich meinem Dank an die folgenden Personen an, die bei der Entwicklung des Projektes in England geholfen haben: Peter Alcock, Rikki Battistini, Jeff Duval und Rick James von Battistini Custom Cycles; Dave Batchelar (P&D); Robin Bradley, John Carroll, Bill Gradley (Harley Trading Post); Maz Harris, Anne Parisio, Martin D. Pinner (JWR); Peter Ray, Garry Stuart; und an unsere Berater Tony Dowden, Ian Mutch, Paul Parslow und Snob.

Wir möchten folgenden Personen in Europa danken, die uns bei der Auswahl an europäischen Custom-Harleys unterstützten: Pascal Driessen, Frankie (Frankie's Parts, Schweden), Rainer Grasberge (Zweirad-Museum, Neckarsulm, Deutschland), Ulf Jensen (Harley-Davidson-Club Schweden), Reinhold Paukner (Paukis Harley-Davidson), Horst Rösler (Zeitschrift *High Performance*, Deutschland), Paul Timpson (Zodiac International, England).

Viele Leute in den USA haben zum Erfolg dieser Ausstellung beigetragen. Unter ihnen: Tim Remus (Fahrzeugauswahl), Jim Betlach (Drag Specialties), Nace Panzica (Custom Chrome), Bobby und Arla Sullivan (Sullivan Brothers).

Unser Dank geht an alle Erbauer von Custom-Harleys, die dem Projekt geholfen haben. In den USA: Dave Bell, Rick Doss, Bob Dron, Don Hotop, Cyril Huze, Bob McKay, Arlen Ness und Familie, Dave Perewitz und Tank Ewsichek; in Großbritannien: Battistinis Custom Cycles, Steve Morley, Jeff Murphy (Riverside Cycles), Andy Peters, George Savage, Richard Taylor; und in Europa: Nicolas Chauvin, DiDi (Custom Ranch), Danny Franssen, Kenth Arvidsson und Marié Rashussen.

Schließlich geht unser Dank an die Besitzer der Motorräder, die der Ausstellung geliehen wurden: Jill Bell, Flicks, Billy F. Gibbons, Mark George, Martin Henderson (Boot Hill Motorcycles), Bobby und Arla Sullivan, Vintage Magazine Company, Zweiradmuseum Neckarsulm (Deutschland) und an alle, die anonym bleiben wollen.

John Hoole
Konservator
Barbican Art Gallery

12 Wettbewerb für bestes Männer-Tattoo
bei einem britischen Tattoo-Kongress
Anfang der Achtzigerjahre

Ted Polhemus

Maß-geschneiderte Welt

13

Unsere Zeit ist gekennzeichnet von einer bemerkenswerten Gleichzeitigkeit krasser Gegensätze. Einserseits freudiger Konformismus – ein Herdentrieb, dem Namen wie Calvin Klein, Reebok oder Harley-Davidson Heimeligkeit bedeuten. Auf der anderen Seite gieriger Hunger nach Individualität, der Maßanfertigungen schätzt – seien es ein Motorrad, ein Auto, Tätowierungen, schwarze Lederjacken, ein individuelles Haus, ein ungewöhnlicher Urlaub oder eine nonkonformistische Haartracht.

So oder so – wir sind, was wir konsumieren. Das bedeutet, dass andere uns an der Wahl der Verbrauchsgüter erkennen und/oder daran, wie wir sie verändern und gebrauchen. Gegenstände, einschließlich unserer eigenen Körper, sind zu einer Art von Sprache geworden; wir benutzen sie, um anzuzeigen, wohin wir gehören (oder, wahrscheinlicher, wohin wir gerne gehören würden bzw. wohin wir gerne als zugehörig betrachtet würden, was wohl am treffendsten ist). Das ersetzt die vorher gültige Vereinbarung, wonach wir nicht nach unserer Rolle beim Konsum, sondern in der Produktion beurteilt wurden: Jemand war ein Kesselflicker, ein Schneider oder ein Feinschmied, man war Arbeiter, gehörte zur Mittel- oder Oberschicht. Heute bist du die Person, die Calvin-Klein-Wäsche trägt (einschließlich eines T-Shirts, das diese Tatsache verkündet), die einen Ford Sierra fährt, in vegetarischen Restaurants speist, Bacardi schlürft, an der Algarve Urlaub macht, Musik der Pet Shop Boys hört und die Zeitschrift »Leute« abonniert hat. Oder einer derjenigen, die Jeans-Westen voller Aufnäher tragen sowie T-Shirts mit den Worten »Fuck off!«, deren Arme mit »Live-to-ride«-Tätowierungen übersät sind, die umgebaute Harleys mit Apehanger und abgesägten Auspufftüten fahren, Eier, Pommes frites und Bohnen in schmierigen Imbissbuden löffeln, jeden Sommer mit Fahrten zu Custom-Bike-Shows verbringen, sich mit Pink Floyd zudröhnen und *Back-Street-Heroes*-Zeitschriften bekommen. Wir können uns natürlich auch an einem beliebigen Punkt zwischen diesen Polen aufhalten: Beispielsweise als jemand, der Calvin Klein trägt, Sierra fährt, als Vegetarier Bacardi trinkt, »Leute« liest und eine ab Werk maßgeschneiderte FXSTC-Softail-Custom-Harley kauft, mit der er zu Custom-Bike-Shows fährt, wenn er nicht zum Urlaub an der Algarve weilt.

Welche Produkte und welche Botschaft auch immer, gemeinsam ist ihnen eine visuelle Aussage mit kommunikativer Bedeutung. Der Gebrauch von Gegenständen, um etwas zu darzustellen, beschränkt sich nicht auf unsere Zeit. Tatsächlich ist er so alt wie die Menschheit:

13 Biker auf der Kent Custom Bike Show, England 1997

14 Tankdeckelemblem »Live to ride«

15 Harley-Davidson FXSTC Softail von 1988 (Foto: Harley-Davidson)

16 Harley-Davidson VR 1000 bei einem Rennen (Foto: Harley-Davidson)

Der Federschmuck, der die Stellung in der Stammeshierarchie ausdrückte; die Clan-Zeichen, die die Erdhütte schmückten; die Runen auf dem Speer, die Mitgliedschaft in einer Horde symbolisierten und vieles mehr. Was unseren derzeitigen Gebrauch von Gegenständen als Kommunikationsmittel von jenen archaischen Formen unterscheidet, ist die außergewöhnliche Vielfalt von Objekten, Stilen und natürlich Botschaften. Wenn sich früher die Federarten auf dem Kopfschmuck, die Farben der Hüttenbemalung, die Motive der Speer-Runen strikt nach den kulturellen Traditionen zu richten hatten, so sind wir heute in unserer Wahl praktisch unbegrenzt. Heute können wir alles haben – alles auf einmal, wenn wir es so möchten. Wir leben in einem erstaunlichen Supermarkt der Stile, wo man den Fiat Punto mit oder ohne Sonnendach haben kann, den Big Mac mit oder ohne Zwiebeln, die Reebok-Sportschuhe mit oder ohne Luftkissen-Sohlen.

Und dennoch: Die Gegenstände, mit denen wir uns umgeben, die wir kaufen und die wir als Signale unserer Identität einsetzen, waren noch nie so standardisiert wie heute, solche Massenprodukte, die alle das gleiche Aussehen haben, so gleichgeschaltet in Marketing und Werbung, um ganz bestimmte Gruppen, »Lifestyle«-Typen anzusprechen. Einerseits unsere Freiheit der Auswahl, andererseits unser Massenkonsum: Es ist dies Paradoxon, das den Wunsch nach Customizing entstehen ließ.

Customizing könnte und würde nicht ohne Massenproduktion existieren. Es muss das Standard-Modell aus der Fabrik geben, bevor die Vielfalt der ungewöhnlichen Umbauten entstehen kann. Customizing war niemals Schöpfung aus Abfall, sondern immer Variation auf ein etabliertes, industriell hergestelltes Thema und daher sowohl ermöglicht als auch begehrenswert gemacht durch die zu Grunde liegende Massenproduktion.

Der größte Teil menschlicher Geschichte ist gekennzeichnet von handwerklicher Herstellung aller Gebrauchsartikel, die heute nur noch in jenen wenigen – und ständig abnehmenden – ursprünglichen und bäuerlichen Kulturen gefunden werden, die die traditionellen Lebensstile bewahren. In einer solchen Welt gibt es kein »Customizing«, da es ihr an Standard-Modellen mangelt, die individualisiert werden könnten. Ein gutes Beispiel ist der »Ötzi«, dessen Körper und Ausrüstung vor ein paar Jahren tiefgefroren in den Alpen gefunden wurde: Etwa 5200 Jahre alt, lebte er in einer Zeit, in der jeder

17 Rocker auf einer Revival-Party, London 1994

Gegenstand ein einzigartiges Produkt handwerklicher Fertigung war und es keinerlei Massenherstellung gab.

Sein Umhang aus gewebtem Gras, Lederstrümpfe und Lendenschurz, seine Tätowierungen, Schuhe aus Leder und Stroh, der Dolch, der Schmuck mit bearbeiteten Steinperlen, Pfeile und Köcher, sogar seine bronzene Axt waren alles Einzelstücke. Würde ein zweiter »Ötzi« aus der gleichen Zeit und dem gleichen Hüttendorf gefunden werden – seine Ausrüstung wäre ähnlich, aber nicht identisch.

Seit jener Zeit vollzog sich in der menschlichen Geschichte eine allmähliche Standardisierung von Produkten. Zwei Ereignisse beschleunigten diesen Prozess dramatisch: Die industrielle Revolution und Henry Fords Einführung des Fließbands. Beides ermöglichte nicht nur praktisch identische Massenprodukte, sondern ebenso die zentrale industrielle Herstellung, die zunächst national – später global – identische Produkte erzeugte, was regionale Charakteristika verschwinden ließ. Möglicherweise noch bedeutender war, dass solche Produkte breit vermarktet und beworben werden konnten, illustriert durch ein Bild von Herrn und Frau Durchschnitt, die die gleichen Dinge in der gleichen Verpackung kauften und ihr Leben mit den gleichen Erwartungen und Träumen lebten wie jeder andere auch. Die Erfindung des Fernsehens in den Vierzigerjahren und seine Verbreitung in den Fünfzigern führte den Prozess der Standardisierung zu seinem logischen Abschluss.

Gleichzeitig jedoch beschleunigte er die Entwicklung in Richtung individueller Maßanfertigung. Es ist mit Sicherheit kein Zufall, dass die Blüte des Customizing – die Maßanfertigung von Motorradern, Autos, Kleidung, Körperschmuck, die »Alternativ-Kultur« in ihrer eigentlichen Bedeutung – mit der Ära zusammentraf, in der sich Massenproduktion und Massenvermarktung voll entwickelt hatten. Ebenso wenig kann es als Zufall angesehen werden, dass die Renaissance der Einzelanfertigung am stärksten in Amerika ausgeprägt war, das stärker als jedes andere Land zu jener Zeit den Weg zu einer einheitlichen, gleichförmigen und gleichgeschalteten Gesellschaft ging.

Aufgewachsen in amerikanischen Vorstädten der Fünfzigerjahre, erlebte ich diese Gegensätze aus erster Hand: Riesige Wohnprojekte, die in kürzester Zeit »Modellhäuser« bis in schiere Unendlichkeit gleichförmig reproduzierten; Zeitschriften wie »Life«, die – in Anzeigen und im redaktionellen Teil – eine Vision von strikt vorgeschriebener, glücklicher Normalität wöchentlich präsentierten; eine Gleichförmigkeit im Design, mit der in jedem

18 Heimwerker-Zeitschrift von 1962

19 Zeitschrift *»Motor Trend«*

20 Shirleys *Ultra-Bird*, ein Custom-Thunderbird von 1958

21 *The Dragon* von Ralph Fisher

22 Teilemarkt in Sturgis

beliebigen Jahr ein Auto aussah wie das andere, eines vom anderen geklont war; und schließlich die Verbreitung des Fernsehens, mit dem das Amerika der weißen Mittelschicht bei den gleichen Witzen lachte und den gleichen Lebensstil anstrebte (inklusive gleichen Gartenmöbeln, gleichem Grill und gleicher Freizeitkleidung).

Unnötig zu betonen, dass die stupide Gleichförmigkeit eine Gegenbewegung hervorrief: *Hipsters, Beats, Bikers, Surfers* und *Rockabillies* formten eine Alternativkultur, die sich radikal vom Mainstream unterschied. »Gegen was rebellierst du, Johnny?« – »Was hast du zu bieten?« *Lenny Bruce* oder *Gerry Mulligan, Jack Kerouac* oder *Neal Cassidy;* jeder der Motorradfahrer, die den Ort *Hollister* in Kalifornien stürmten und den Film *The Wild One* inspirierten; jene sonnengebräunten Strandkerle, die auf die perfekte Welle bei Big Sur oder in Hawaii warteten; Elvis, Jerry Lee oder Carl Perkins, die in ihren *blue suede shoes* abrockten – alle versuchten sie, jeder auf seine Art, auszubrechen aus der gleichförmigen Masse, zu der Amerika geworden war.

Diese Auflehnung gegen die Norm drückte sich in spezieller Kleidung und Ausstattung aus (schwarze Lederwesten, Kutten mit Patches, langes Haar, ungewöhnlicher Schmuck, Tätowierungen), in Musik (Rock'n'Roll, Modern Jazz, Folk, Country & Western) und, wo immer möglich, in Custom-Motorrädern oder -Autos. Weniger radikal (wenn auch, denke ich, nicht ohne Bedeutung) versuchten Herr und Frau Durchschnitt, ihrem genormten Schicksal

auszuweichen, indem sie ihr Eigenheim auf Heimwerkerart veränderten.

Je stärker Amerika genormt wurde, umso mehr strebten seine Bürger nach Individualisierung ihrer Häuser, Autos, Motorräder, Besitztümer und ihrer selbst. (Bis natürlich am Ende »Customizing« selbst zur Norm wurde – wir kommen noch darauf zurück.)

Und wo Amerika den Weg bahnte, folgte der Rest der Welt: Der Custom-Kult ritt auf dem Kamm der Gleichförmigkeits-Woge, die Großbritannien, Europa und Australien überflutete; die Aussicht auf eine zukünftige erstickende Uniformität (denken Sie an jene Science-fiction-Filme der Fünfziger, wo alle in identischen Anzügen stecken) erzeugte einen Hunger nach Individualität und nach Mitteln, dies auszudrücken. In einem anderen Zeitalter hätte dieser Hunger auf das Einzigartige zu einem Aufblühen des Handwerks geführt, der Produktion schöpferischer Einzelstücke wie beispielsweise während der italienischen Renaissance. Wir jedoch wählten einen anderen Weg: Abbauen, umbauen, umkehren, umwidmen und verän-

23 Rückentätowierung, British Tattoo Convention, frühe Achtzigerjahre

24 **25** Custom-Kleidung und einzigartige Tätowierungen bei der Kent Custom Bike Show 1997

26

27

28

Tattoos, Piercings und Westen bei Harley-Treffen in England und USA

32

33

29

30

31

34

35

36

dern von genormten Massenprodukten, die drohten, uns in einem Meer aus Gleichförmigkeit zu ertränken. Auf diese Weise wurde die einzigartige postindustrielle, postmoderne Custom-Welt geboren, in der das Außergewöhnliche immer ausgeht, definiert und gemessen wird vom Maßstab des Gewöhnlichen.

Während der Drang zum Anderssein von allen geteilt wurde, denen Massenproduktion und -vermarktung den Atem nahm, unterschied sich, je nach persönlichen Umständen, die Außenwirkung merklich: Die Familie der weißen Mittelschicht war zufrieden, wenn sie mit dem ständig wachsenden Markt von Heimwerkerprodukten ihre Standard-Wohnkiste in ein Heim mit viel »Charakter« verwandeln konnte; eine Transformierung des Genormten ins Spezielle. So wie der Leitartikel eines Do-it-yourself-Magazins es formulierte: »Wenn Sie noch kein Freund des Do-it-yourself sind, warum beginnen Sie nicht jetzt? In einer Zeit der Gleichförmigkeit stellt es ein Ventil für Ihren schöpferischen Impuls dar, eine Chance, Ihren guten Geschmack zu zeigen.« *

Typischerweise war das Selbstverändern des Eigenheims – das weit über praktische Notwendigkeiten hinausging, die ursprünglich dahinter steckten – von rein femininer Ästhetik geleitet: Die Ehefrau als traditionelle (und nun wortwörtliche) »Nestbauerin«. Auch wenn Papi den größten Teil der handwerklichen Arbeit erledigte, so richtete er sich doch in jedem Fall nach dem »Geschmack« seiner Frau. In Erkenntnis dieses Zusammenhangs richteten die Hersteller von Heimwerkerprodukten wie Farben, Tapeten und Wasserhähnen ihre Anzeigen eher an Frauen als an Männer. Auf der anderen Seite blieben Autos und Motorräder eine typisch männliche Sache und deren Veränderung und Customizing drückte (wie auch das Tätowieren, der einzige im Westen als »männlich« definierte Körperschmuck) eher eine männliche als eine weibliche Ästhetik aus.

Darüber hinaus war das Heimwerker-Hobby als Persönlichkeitsausdruck für Mieter weit weniger attraktiv als für Hausbesitzer. Aus diesem Grund (Ausnahmen gab es natürlich) wurde das »individuelle« Eigenheim zu einer vorrangig weiblichen und Mittelschicht-Kunstform, während das Custom-Auto oder -Motorrad zu einem Medium der Männer und der Arbeiterklasse wurden. Während das Erste außerdem ein Ausdruck partnerschaftlichen Lebens war, entsprach das Zweite dem Lebensstil alleinstehender Personen, speziell junger Männer. Unbelastet von Hypotheken, Kindern, einer sicheren Stellung und der Notwendigkeit beruflicher Anerkennung, konnten solche unabhängigen Individuen ihre Rebellion weitertragen – indem sie ihre Fahrzeuge, sich selbst, ihr Verhalten und ihren Lebensstil in etwas verwandelten, das weit, weit entfernt war von der beschriebenen Gleichförmigkeit modernen Lebens.

Beides – das »Verbessern« des Eigenheims und das Customizing des Autos/Motorrades – begann mit wirtschaftlichen und praktischen Notwendigkeiten und wurde schließlich zum Ausdruck von Ästhetik. Doch so wie es unterschiedliche demographische Profile gab (Einkommen, Hausbesitz, Ehe usw.), so gedieh die Individualisierung innerhalb unterschiedlicher organisatorischer Strukturen: Während das Heimwerken zum Amateur-Hobby wurde und sich von den traditionellen Handwerksberufen absetzte (Farben und andere Heimwerkermaterialien wurden schließlich speziell für Amateure entwickelt und vermarktet), waren umgekehrt die Auto- und Motorrad-Customizer oft Profis, die von Reparaturen und Instandhaltung lebten. Ihr Leben spielte sich in der Werkstatt ab, wo Werkzeuge und Fähigkeiten untereinander geteilt wurden und wo Männerfreundschaften außerhalb der engen Grenze einer Familie ihren Platz hatten.

Während sich also das Heimwerkeln zu Hause abspielte (mit eigenem Bastelkeller für jede Familie), war Auto- und Motorrad-Customizing in einer Werkstatt verbunden mit einem weiteren Gesichtspunkt: Hier ging es um Beziehungen, um Lehren und Lernen zwischen Männern. Unter diesem Aspekt lässt sich auch eine Parallele zu dem anderen männlich dominierten Bereich persönlichen Ausdrucks ziehen: dem Tätowier-Salon. Bezeichnenderweise basieren beide Institutionen auf einem Lehrzeit-System, wobei technische Fähigkeiten und ästhetische Neuerungen von Generation zu

* Zitiert nach der BBC-Serie *All Mod Cons*, 1997

37 Stolze Präsentation von Aufnäher und Tätowierung »National Chopper Club« bei der British Tattoo Convention, Dunstable, England, Mitte der 80er Jahre

38 Harley-Davidson-Tattoo und -Gürtelschloss bei der Kent Custom Bike Show, England, 1997

NATIONAL CHOPPER CLUB
NATIONAL CHOPPER CLUB

37

38

Harley Davidson

39 Harley-Fahrer mit Schulter-Tätowierung (Foto: Harley-Davidson)

Generation über persönliche Kontakte weitergegeben werden.

Dieses System ist uralt: Schon »Ötzi« erwarb seine Tattoos und seine Bronzeaxt auf diese Weise.

Im Gegensatz zu den (und fast zerstört durch die) fast menschenfreien Zonen moderner Industrieproduktion und Massenerziehung waren es diese Nischen vorindustrieller Weitergabe von Wissen, die den Brennpunkt männlicher Rebellion bildeten gegen ein immer stärkeres Reglementieren, Standardisieren und Gleichschalten »normalen« Lebens. So wie immer mehr Werkstätten sich von Reparaturen auf schöpferische Umbauten verlegten, so wurden immer mehr Tattoo-Salons Zentren künstlerischen Experimentierens. Während zuvor der Kunde schlicht auf ein Standard-Motiv gezeigt hatte (identische Kopien fanden sich auf der ganzen Welt) und der Tätowierer es möglichst originalgetreu auf dessen Haut stach, so erzeugte die Tattoo-Renaissance – ausgehend von der Westküste der USA in den Fünfzigern – eine neue Generation von Tätowierkünstlern, deren Ehrgeiz es war, jeden Kunden mit einer einzigartigen Gestaltung zu versehen. Vom Standard-Produkt ähnlich Coca-Cola oder einem Chevy-Pickup (das exakt gleiche »Bluebird«-Tattoo konnte man in Plymouth/England oder San Diego/USA erhalten) mutierten Tätowierungen zu einem Ausdruck individuellen Unterschieds.

Während dieser Entwicklung wurden viele Tätowierer – beispielsweise Cliff Raven, Ed Hardy, Bob Roberts, Leo Zulueta, Jamie Summers und Vyvyn Lazonga – von lediglich tüchtigen Handwerkern zu Künstlern; ihre Produkte, so behaupte ich, stehen als Kunstform Gemälden in einer Galerie in nichts nach. Was natürlich nicht heißen soll, dass alle Tattoos »brillante Kunst« sind. Auf jeden Fall können wir Tätowierung nicht deswegen pauschal als Kunstform ablehnen, weil sie lebende Haut als Untergrund benutzen. Das Gleiche gilt in meinen Augen für Custom-Autos und -Motorräder. Man mag dagegenhalten, dass man sie praktisch verwenden kann – im Gegensatz zu einem Rembrandt oder einem Warhol kommt man mit ihnen von A nach B – und sie daher als Gebrauchsgegenstände und nicht als Kunstobjekt anzusehen seien. Möglich; doch was ist mit der Tatsache, dass extremes Customizing die Transportfunktion eines Autos oder Motorrades einschränken oder sogar zerstören kann? Dass einige Schau-Bikes und -Autos noch nie gefahren wurden? Andy Peters Custom-Harley beispielsweise wurde noch nie gestartet.

Oder schauen Sie sich die Angelegenheit von der anderen Seite an: Was ist mit der Tatsache, dass Marcel Duchamps berühmte Exponate (das Fahrrad-Rad, das Flaschengestell, das Urinal) durchaus perfekt »funktionieren«

40 Andy Peters präsentiert *Eleganté*, eine Kompressor-Harley, dem Design von PKW der Dreißigerjahre nachempfunden

41 Harley-Fahrer vor einem Schnellrestaurant (Foto: Harley-Davidson)

könnten, würden sie nicht als reine Kunstobjekte ausgestellt werden? Der Streit um die Definition von Kunst könnte uns auf einen sehr trockenen, staubigen und langweiligen Weg führen. Wichtig ist letztlich nur, dass wir schöpferische Vision und handwerkliches Können erkennen, das doch so häufig in den verschiedenen Customizing-Gruppen vorhanden ist. Diese Feststellung sollte eigentlich selbstverständlich sein; die Tatsache ist jedem offensichtlich. Doch wie es bei der Graffiti- und Tätowier-Kunst der Fall ist, so behindert auch beim Auto- und Motorrad-Customizing die Herkunft aus der Kultur der Arbeiterklasse die Achtung der (oberschicht-dominierten) »Kunst-Welt« vor ihren Schöpfungen.

42 Mazda, Le-Mans-Sieger 1991

43 Mazda MX 5, Modell *Le Mans 24*, limitierte Auflage

44 *Twin Blower* von Richard Taylor (Detailaufnahme)

Glücklicherweise scheinen Ereignisse wie diese Ausstellung von Harley-Umbauten in der renommierten Barbican Art Gallery darauf hinzudeuten, dass Verachtung und Vorurteile gegenüber diesen Künsten eher eine Sache der Vergangenheit als der Zukunft sind.

Doch zur gleichen Zeit, wo das Customizing breitere Achtung erringt, wird es wie nie zuvor von der Motorrad- und Autoindustrie bedroht. Was als Auflehnung gegen Gleichförmigkeit, Massenproduktion und -vermarktung begann, wird nun institutionalisiert – geschluckt von eben dem Ungeheuer, was es zu schlachten antrat. Wir haben uns im Kreis bewegt: Auto- und Motorradhersteller produzieren Sonderserien, die »Kundenanfertigungen« sind, bevor sie den Kunden erreichen. Beispiele sind der *Mazda MX-5 Le Mans 24* und Harley-Davidsons *FXS Lowrider*. In beiden Fällen wurde ein Custom-Unikat in größerer Stückzahl reproduziert und als »Limited Edition« verkauft. So wie spezielle Zielgruppen-Sender des Fernsehens (im Gegensatz zum Massen-TV) spricht das »Custom-Fahrzeug ab Fabrik« jene Vielfalt an, die zum postmodernen Zustand gehört.
In diesem Sinne scheint die ursprüngliche Ablehnung der Uniformität durch die Customizer zu triumphieren: Die »Straße des Fortschritts«, auf der wir nach den Vorstellungen der Moderne im Gleichschritt in die Zukunft marschieren sollten, scheint nicht beschritten worden zu sein. Unser Hunger nach Produkten, die unsere verschiedenen Persönlichkeiten ausdrücken, wurde erkannt. Das Individuum, so könnte man folgern, hat über die Masse triumphiert.

Oder sollte der Geist der Individualität, der die Einzelanfertigungen befeuerte, hiermit selbst der Massenvermarktung unterlegen sein, geschluckt von seinem natürlichen Feind? Ich persönlich neige zu dieser letzten, mehr zynischen Ansicht. Doch dies bedeutet nicht das Ende der Welt – der maßgeschneiderten Welt. Nur Dummköpfe lassen sich für dumm verkaufen. Jeder mit etwas Verstand kann erkennen, dass Reproduktion von Einzelstücken heißt, das Einzigartige zur Norm zu machen und nicht umgekehrt. Und unverdrossen machen die wahren Customizer in ihren Werkstätten auf der ganzen Welt das Alltägliche zum Außergewöhnlichen, das Übliche zum Speziellen, das Massenprodukt zum Einzelstück. Wie mittelalterliche Alchimisten arbeiten sie unermüdlich an der Veredelung von Blei in Gold.

Vielen Dank an Giannino Malossi und Maurille de Smallem

Harley
Davidson

45 Tradition: Uncle Sam auf einer 45er Harley führt die jährliche Parade der Daytona Bike Week an, hier im Jahre 1994

Tim Remus

Das amerikanische Custom-Motorrad

10
20
30
40
50
60
70
80
90
100
110
120
MPH
HARLEY-DAVIDSON MOTOR CO. INC.

Die Anfänge

Von einigen Motorradhistorikern wird der derzeitige Kult um alles, was mit Harley-Davidson zu tun hat, auf die hohe Zeit der Chopper 1969 oder 1970 zurückgeführt, als sich jedes Kind an jeder Ecke eine Harley mit langer Springergabel wünschte. Doch die Chopper hatten ihre Ursprünge in noch früheren Motorrädern, die oft so ausgestattet waren, wie es erst in den Siebzigern populär wurde.

Der Zweite Weltkrieg hatte dem Verkauf von Zweirädern mächtigen Auftrieb gegeben, als junge US-Soldaten nach Hause kamen und Motorräder kauften – oft die gleichen, die sie in Europa gesehen hatten. Daher waren viele der Maschinen auf den amerikanischen Straßen der Fünfziger- und Sechzigerjahre nicht Harley-Davidsons, sondern Triumphs, BSAs und Royal Enfields.

Viele jener frühen Triumphs wurden umgebaut auf einen kleineren Tank, eine kleinere Sitzbank und Bates-Scheinwerfer. Dahinter steckte der Wunsch, die Motorräder einfacher zu machen, sie zu reduzieren auf das, was zum Fahren unbedingt notwendig war – und die notwendigen Teile durch solche mit mehr Stil zu ersetzen.

Die Harley-Besitzer verfuhren mit ihren Maschinen ganz ähnlich. Bereits vor dem Krieg hatten manche Fahrer die längsten serienmäßigen Vorderteile angebaut, die sie bekommen konnten, obwohl noch kein Mensch zu jener Zeit den Lenkkopfwinkel änderte. Nach dem Krieg zeigten sich dann die Anfänge eines Zubehörmarktes – zumindest konnte man Teile außerhalb des Händlernetzes erwerben. Einer dieser neuen Läden, Flanders in Pasadena/Californien, führte ein breites Angebot von höheren, schmaleren Lenkern und weiterem Zubehör, das man für die damals aktuellen Harleys brauchte.

46 Benzintank der *Santa Fe* von Dave Bell

47 Bob Dron auf seinem Chopper aus den frühen Siebzigern

Vor den Choppern

Die neuen Lenker wuchsen höher und höher; nicht lange, und die Fahrer mussten fast aufstehen, um sie zu erreichen. Es brauchte keinen Zoologen, um zu erkennen, dass diese Fahrer aussahen wie Affen, die von einem Ast herunterhingen. Bezeichnungen und Jargon-Begriffe wie »Apehanger« machten die Runde und wurden zum festen Bestandteil der Zweiradkultur.

Am anderen Ende des Motorrades konnte sich der Mitfahrer oder die Mitfahrerin gegen eine »Sissybar« lehnen. (Wörtlich übersetzt »Stange fürs Schwesterchen«, womit natürlich die Freundin des – selbstverständlich männlichen – Fahrers gemeint war.) Sissybars, kombiniert mit Apehangers oder zurückverlegten Lenkern, waren das Erkennungszeichen der Custombikes in den späten Sechzigern und frühen Siebzigern. Öffnen Sie ein beliebiges frühes Chopper-Magazin und Sie werden modifizierte Straßenmotorräder finden – Bikes, die Aussehen und Stil jener Zeit prägten. Harley-Fans holten sich eine Maschine mit 74 ci (1200 cm^3), meist eine »große« Knucklehead- oder Panhead-Harley, und bauten alles ab, was nicht wesentlich war. Rahmen ohne Hinterradfederung waren höchst angesagt und vorne führte eine verlängerte Glide- oder Springergabel ein 21 Zoll großes Vorderrad.

Die Fahrer saßen mit ausgestreckten Beinen tief im Rahmen, um die vorverlegten Rasten zu erreichen, »highway pegs« genannt. Ein Stufensitz nahm den Hintern auf. Harleys galten als die besten Basismaschinen, obwohl viele Triumphs und Hondas auf gleiche Weise geändert wurden.

48 Chopper von Larry Davis, gebaut von Bob Munroe 1968

49 Chopper, Auftragsarbeit von Bob Dron 1971

50 Bob McKays *Bar Hopper*

51 Chopper von Ken Schultz, Sturgis 1994

Die Chopper und das Zubehör

Der Umbau all dieser Maschinen sorgte für ständige Aufträge bei den Custom-Werkstätten und deren Ausgaben für Werbung halfen mit, die amerikanische Motorradpresse zu etablieren. In den späten Sechziger- und frühen Siebzigerjahren konnten die Motorradfahrer zwischen einer Anzahl von Zeitschriften wählen, alle voll mit Anzeigen für Zubehörteile und redaktionellen Beiträgen, wie diese richtig zu installieren seien: Sissybars, Lenker und Choppersitze – die Liste der verfügbaren Teile war lang und enthielt komplette Rahmen ohne Federung, verlängerte Standrohre für Telegabeln, Bausätze für Springergabeln) und hunderterlei anderes.

Obwohl jedermann mit diesen neuen Teilen ein hübsches Motorrad zusammenschrauben konnte, begannen einige wenige, komplette Maschinen aus handgefertigten Einzelstücken aufzubauen und begründeten damit ihren Ruf. Unter den in den Zeitschriften besprochenen Bikes standen immer häufiger bestimmte Namen: Männer wie Arlen Ness, Dave Perewitz und Donnie Smith etablierten sich als professionelle Customizer, lebten von individuellen Umbauten und dem Verkauf handwerklich hochwertiger Teile.

52 Arlen Ness

53 *Flamed Chopper* von Arlen Ness (Detailansicht)

54

Die Motorradpresse

Die Geschichte der Umbau-Anfänge ist durch die damaligen Zeitschriften gut dokumentiert. Die besten Custom-Bikes wurden auf den Titeln von *Street Chopper, Chopper, Big Bike, Modern Cycle, Supercycle* und *Easyriders* abgebildet und der Innenteil war mit Anzeigen von hunderten von großen und kleinen Firmen gefüllt.

Eine vergilbte Ausgabe von *Street Chopper* aus dem Jahre 1970 führt Anzeigen für King-und-Queen-Sitzbänke von AEE, einem der ersten großen Zubehöranbieter. Das gleiche Heft stellt einen Chopper aus San Bernardino/Californien vor, ausgestattet mit allem angesagten Zubehör einschließlich »einer speziellen Springergabel aus Eigenfertigung ... Diese 72 Zentimeter lange Gabel wurde aus Chrom-Molybdän-Rohr gefertigt ... Ein 3.00x21-Avon-Speedmaster-Reifen auf dem 21-Zoll-Vorderrad mit Custom-Nabe«. Das Motorrad wurde metallic-blau lackiert und mit einer »Sissybar ausgerüstet, die fortstrebt von dem verkürzten und verstärkten Hinterradschutzblech über dem Reifen in der Dimension 4.00x16 und der galvanisch beschichteten Nabe mit Bremse.«

Easy Rider

Wenn irgendetwas das Bild eines lang gestreckten Motorrades unsterblich machte, dann war es der Film *Easy Rider*. Peter Fondas Maschine war ein Muster, nach dem sich bis heute Customizer und Veredler richten: Recke den Rahmen und verlängere die Gabel, um das 21-Zoll-Vorderrad weit vor das Motorrad zu platzieren; setze den Fahrer tief hinein und füge vorverlegte Rasten und eine Sissybar hinzu; halte die Gesamthöhe der Maschine niedrig; tauche alles in eine Unmenge Chrom und beschließe den Umbau mit einer brillanten Lackierung.

Easy Rider drückte das Aussehen und die Inspiration aus, an der Fahrer und Werkstätten 20 Jahre lang gearbeitet hatten. Tom Rudd, Gründer der bekannten Zubehörfirma »Drag Specialties«, kann sich gut an den Film erinnern: »Am Tag nach der Filmpremiere stand das Telefon nicht mehr still. Plötzlich wollte jeder ein Bike wie die auf der Leinwand.«

Seit jener Zeit sind viele Motorradmoden vorübergegangen, doch die Popularität des amerikanischen Custom Bikes ist ungebrochen. Der Beweis für die bleibende Kraft dieses Bildes liegt so nahe wie Ihre neueste Motorradzeitschrift. Schauen Sie sich die Gestaltung der neuesten Cruiser aus Japan an; ihr Aussehen und Design führt direkt zu jenen frühen Choppern und Cruisern von 1969, 1970 und später zurück. Öffnen Sie ein beliebiges aktuelles Motorradheft: Retro-Chopper sind angesagt, bis hin zu Trapezgabeln und Motoren, die wie Panhead-Harleys aussehen. Selbst Maschinen, die jenen frühen Stil nicht genau kopieren, besitzen doch viel von dem langen, geduckten Aussehen der Custom-Bikes aus früheren Tagen.

Das Chopper-Phänomen fuhr wie ein Güterzug durch die gesamten Siebzigerjahre. Die großen Fatbob-Benzintanks wanderten auf

54 Nachbau des Motorrades, das Peter Fonda als *Captain America* im Film Easy Rider fuhr

55 Rat-Bike, gebaut aus Schrott, bei der Daytona Bike Week, Florida

den Schrott und wurden durch die kleineren der Sportster und Mustangs ersetzt. Der Vorderbau wurde länger und länger. Zunächst wurden Knucklehead- und Panhead-Modelle gechoppt, später die Sportster und schließlich die Shovelheads. Niemand ließ die Motorräder unverändert. Serienmäßige Harleys waren die Leinwand, auf die Fahrerinnen und Fahrer ihr persönliches Bild malten. Meist führten sie den Umbau selbst durch und kauften die dazu notwendigen Teile im örtlichen Chopper-Laden. Manche dieser Läden führten tatsächlich ein breites internationales Angebot an gutem Custom-Zubehör und wurden von Leuten betrieben, die ihren Ruf als Customizer vergrößern wollten.

Customs-Bikes ab Werk

Der Güterzug der Chopper lief auf allen amerikanischen Autobahnen und Landstraßen, bis ihm am Ende der Treibstoff ausging. Eine Reihe von Ereignissen der frühen Achtzigerjahre führte dazu, dass die Custom-Bikes fast ausstarben. Einer nach dem anderen schlossen die Chopper-Läden oder sattelten auf Wartung um.

Zum Teil war an dieser Entwicklung die schwache US-Wirtschaft schuld, teils der Verkaufsrückgang von Motorrädern aller Art und teils die Tatsache, dass man ab 1980 bei Harley serienmäßige Umbauten erwerben konnte, komplett mit langer Gabel, Rahmenreckung, 21-Zoll-Vorderrad, gepolsterter Sissybar und rotweißer Flammenlackierung.

Die so lackierte Harley-Davidson Wide Glide von 1980 war nur das erste Motorrad einer langen Reihe von »Serien-Customs«, die im Harley-Davidson-Werk entstanden. Nach Jahren des Ignorierens jener Stile und Trends, die die Hauptstraßen bevölkerten, wurden in Milwaukee plötzlich Serienmaschinen in diesem Stil gefertigt. Ein Prospekt für die Wide Glide nannte ihn »California Classic« und bezog sich damit auf den Geburtsort des Designs.

Von den Wide Glides ging das Werk schnell auf die neue Serie der Softail-Maschinen über. Harley kaufte die Konstruktion der Hinterradfederung von einem kleinen Customizer, der Federn und Stoßdämpfer für das Heck unter den Rahmen verpflanzt hatte. Man benötigte dazu eine dreieckige Hinterradschwinge und erhielt das Aussehen eines Starrahmens ohne dessen knüppelhartes Fahrverhalten. So entstand mit der Softail der erste richtige Werks-Cruiser, geboren aus der Vereinigung des neuen Pseudo-Starrahmens mit anderen Merkmalen des »California-Classic«-Designs, die man bereits kannte.

Die meisten Kenner der Szene stimmen zu, dass die Präsentation der Softail und aller Modelle, die auf deren Rahmen basieren, der

56 Harley-Davidson FXDWG 1988 (Foto: Harley-Davidson)

57 Zwei Chopper von
58 Pat Kennedy, Arizona

57

58

Detailansichten von Lackierungen:

59 *Flamed Chopper* von Arlen Ness

60 *Flight DeVille* von Tank Ewsichek

61 *Purple Roadster* von Dave Perewitz

beste Schachzug war, den Harley-Davidson jemals gemacht hat. Das Softail-Chassis versorgte mindestens vier Modellgruppen erfolgreicher Motorräder. Vor diesem Zeitpunkt besaßen die Harleys den Klang, den sich jeder wünschte; danach verfügten sie über den Klang und das Design, die ein amerikanisches Motorrad ausmachen.

Die zweite Hälfte der Achtzigerjahre waren keine gute Zeit für den Zubehörmarkt. Die neuen »Custom-Bikes« aus Milwaukee waren zwar keine echten Customs, aber sie sahen für die meisten Fahrer radikal genug aus. Umbauten beschränkten sich auf das Anschrauben einiger Chromteile und vielleicht noch eine neue Lackierung. Veredler wie Dave Perewitz buken kleine Brötchen und bauten Motorräder für einen sehr begrenzten Kundenkreis.

Erst ab 1990 drehte sich der Wind und Motorradfahrer veränderten ihre Maschinen wieder, um mit ihnen eine persönliche Aussage zu treffen. Jedes Jahr ging es für die Custom-Szene weiter aufwärts: Mehr Motorräder wurden verkauft, mehr Fahrer wollten ihre Maschinen verbessern und der Zubehörmarkt wuchs.

Und heute ist er wieder allgegenwärtig, der Wunsch nach Unterscheidung. Obwohl die Kinder älter geworden sind, wollen sie immer noch eine Harley, und jede dieser Maschinen soll sich von allen anderen unterscheiden. Der Wunsch nach einer Harley-Davidson ist so stark geworden, dass die Menschen Schlange stehen und bis zu drei Jahren auf eine warten. Und sowie sie das Motorrad besitzen, wird es verändert: Herunter mit der Blechverkleidung, dran mit neuen Teilen und wilder Lackierung.

Milwaukee kann die Nachfrage nach neuen Motorrädern kaum befriedigen und noch viel weniger die Nachfrage nach persönlichen Umbauten mit gefrästen vorverlegten Fußrasten aus Alu, tränenförmigen Luftfiltergehäusen und verlängerten Fatbob-Tanks. Und die kleinen Custom-Läden aus den Siebzigern schauen sich nach größeren Räumen und zusätzlichen Mechanikern und Lackierern um.

Alle großen amerikanischen Zubehör-Firmen sind mittlerweile eine Arbeitsgemeinschaft mit mindestens einem bekannten Customizer eingegangen.

62 *Dyna Glide* von Dave Perewitz, gebaut für Drag Specialties

DRAG
SPECIALTIES

63 *Flight DeVille*
von Tank Ewsichek

64 Die beiden
HogZZilla-Motorräder
von Bauder & Chapouris

65 *HogZZilla*
von Bauder & Chapouris

66

66
67 *Eclipse* von Rick Doss,
gebaut für Custom Chrome

68 Rick Doss

67

68

Die größte von ihnen, Custom Chrome, vertraut auf den bekannten Veredler Rick Doss bei neuen Designs für Auspufftöpfe und Instrumenten-Panels. Die Firma Drag Specialties bezieht von Don Hotop neue Ideen für Rücklichter und andere Hardware. Zusätzlich zu dieser Arbeitsteilung kauft von Fall zu Fall jede dieser Firmen Formideen von freiberuflichen Herstellern und Designern. Fast alle Hersteller halten sich das Verhältnis mit dem König des amerikanischen Customizing warm, Arlen Ness, der mit Hilfe seines Sohns Cory jedes Jahr hunderte von neuen Teilen entwirft, die die Richtung bestimmen.

Ein interessanter Aspekt dieser Geschäftsbeziehungen ist, dass die meisten Teile nach Entwürfen von Rick Doss oder Don Hotop unter ihrem eigenen Namen verkauft werden. Daher werden neue Auspuffe im Katalog als Rick-Doss-Teil oder Don-Hotop-Design angepriesen.

Dieser persönliche Schriftzug scheint eine Bestätigung der Rolle zu sein, die diese Männer innerhalb eines sehr gesunden Industriezweigs spielen. Ohne sie würde es wohl kaum mehr als vier oder fünf große Zubehörfirmen geben, die alles verkaufen, vom Entenschnabel-Heckblech bis zum Alu-gefrästen Trittbrett. Sie bestimmen den Stil, entwickeln etwas, auf das alle Motorradfahrer abfahren – und bürgen dafür, dass es erhältlich ist.

69

70

69
70 *Ferrari Bike*
von Arlen Ness

71 *Two Bad* von Arlen Ness
Detailansicht

72 Arlen Ness auf
Two Bad

71

72

74

Frisch bekehrte Fahrer meinen oft, dass dieses Phänomen neu sei, dass Rick Doss oder Arlen Ness mit Motorraddesign gerade begonnen haben, dass man erst gestern anfing, Rahmen zu recken, das Vorderrad nach vorne zu bringen.

Die Älteren wissen es besser: Die bekanntesten Designer und die erfolgreichsten Läden haben Wurzeln, die in die Sechzigerjahre und weiter zurückreichen. Tatsächlich kann die Spur dieser ganzen Erfolgswelle, von der sowohl Harley-Davidson als auch der Zubehörmarkt profitieren, zu jenen spannenden Tagen zurückverfolgt werden.

Ohne die Hand voll Mechaniker und Lackierer, die ihre Maschinen damals umbauten, ohne jenen bestimmten Film, der alles enorm beschleunigte – ohne dies gäbe es möglicherweise den Custom-Kult von heute nicht. Jeder Beteiligte, ob neuer Motorradhändler oder kleiner Chopperladen, steht in einer gewissen Schuld gegenüber jenen Frauen und Männern der Sechziger- und Siebzigerjahre, die den Mut hatten, einen neuen Sitz zu nähen, einen ungewöhnlichen Lenker zu biegen oder den Rahmen zu recken. Ohne es zu wissen, legten sie den Grundstein für eine Industrie und eine Erscheinung, von der sie zu ihrer Zeit nicht zu träumen gewagt hätten.

73 *Roadster Royale*
von Bob Dron

74 *Miami Nice*
von Cyril Huze Custom

75 *Santa Fe* von Dave Bell

76 Standfoto aus dem Film *Hell's Angels '69* mit Sonny Barger (ganz rechts)

Bal Croce

Harleys über Hollywood

Das goldene Zeitalter der Biker-Filme

Die Wurzeln des Biker-Mythos und seiner Verkörperung auf Zelluloid reichen zurück bis zum Ersten Weltkrieg. Die amerikanischen Flieger, die sich an Europas Himmel mit ihren Gegnern duellierten, gaben ihren Flugzeugen grelle Fantasienamen, die aus ihrer kulturellen Herkunft stammten – Namen, die zu ihren Aufgaben passten: Sie fielen aus dem dunklen Himmel, Blei und Flammen speiend mit rot glühenden Kanonenmündungen – Namen wie »Hell's Angels« (»Höllenengel«) waren darunter.

Schneller Vorlauf bis 1927: Hollywood spuckte hunderte von Stummfilmen aus und überzog das ganze Land mit seinen glitzernden, märchenhaften Abenteuern. Zu dieser Zeit entschloss sich der Millionär und Werkzeugfabrikant Howard Hughes, ebenfalls Filme zu produzieren. Er war außerdem ein waghalsiger Pilot und so wollte er die Geschichte der »Flieger-Boys« aus dem Ersten Weltkrieg verfilmen. Er ließ seine Dollars arbeiten: Hughes kaufte siebenundachtzig Flugzeuge und verpflichtete die besten Darsteller, einschließlich des Starlets Greta Nissen, die die flammende Hauptrolle spielen sollte.

Doch im gleichen Jahr wurde die Filmwelt durch den Tonfilm revolutioniert. Die erste Tonproduktion der Warner Brothers, »The Jazz Singer«, war eine Sensation. Hughes warf daraufhin alle belichteten Szenen seines Stummfilms weg und begann von neuem. Der starke norwegische Akzent Greta Nissens nahm ihr im Tonfilm allerdings jede Chance und Hughes ersetzte sie durch die bisher unbekannte Jean Harlow. Er machte sie damit zum Star und der Film »Hell's Angels« wurde zum Kassenschlager, als er schließlich 1930 in die Kinos kam.

Im Zweiten Weltkrieg stieg die nächste Generation von Kampfpiloten zum Himmel, Kinder der großen wirtschaftlichen Depression. Sie lasen Comics und darüber hinaus waren sie filmbegeistert. Als ihre Geschwader Namen erhalten sollten, kamen sie auf Hughes' Filmtitel, der von den Fliegern ihrer Väter »geborgt« war, zurück und malten ihn voller Stolz an ihre Flugzeuge. Mehrere »Hell's Angels«-Geschwader flogen Kampfeinsätze.

Nach Jahren des Kämpfens, Trinkens und unsteten Lebens konnten manche der jungen Männer nichts mehr mit dem Frieden anfangen, als sie vom Krieg heimkehrten. Im warmen trockenen Klima der Westküste Amerikas, inmitten überzähliger Militärmotorräder, bildeten Gruppen dieser jungen Piloten und Soldaten Clubs und Banden. Sie begannen, an der Westküste für Ärger zu sorgen, und auf einem Motorradtreffen 1947 in Hollister/Californien randalierten einige und belagerten die Stadt.
Der Filmproduzent Stanley Kramer las eine literarische Beschreibung des Ereignisses und erkannte, dass man daraus einen guten Film machen könne. Er kaufte die Rechte und gab ein Drehbuch in Auftrag. Die ideale Besetzung, so war seine Idee, wäre Marlon Brando, der damals junge Film- und Actionheld.

Brando und Kramer zogen mit einigen der Banden herum und versuchten so, eine Vorstellung von ihren Gedanken, ihrer Sprache und ihren Beweggründen zu bekommen. »Gegen was rebellierst du, Johnny?« fragte Kramer. »Was hast du zu bieten?« lautete die lakonische Antwort. Sie kam direkt ins Drehbuch.

Der Film erzählt die Geschichte von Brandos Bande »The Black Rebels Motorcycle Club«, die in eine amerikanische Kleinstadt einfallen und Aufregung suchen. Sie finden den Ort zu dröge, doch als sie gerade wieder fort wollen, bricht eine rivalisierende Bande, »The Beetles«, in die Stadt ein, geführt von Lee Marvin. Ein Kampf bricht aus und die Stadt wird terrorisiert. Die Einwohner versuchen, die Jugendlichen zu stoppen, doch der schwache Sheriff, ein Alkoholiker, ist überfordert. Die Männer der Stadt bilden eine Bürgerwehr, schlagen Brando zusammen und töten versehentlich einen anderen Bürger der Stadt, dessen Tod sie auf Brando schieben. Als die Staatspolizei eintrifft, legt sie den Konflikt bei und entlässt alle Motorradfahrer mit einer Verwarnung.

Ursprünglich betitelt »Hot Blood« (»Heißes Blut«), kam der Film als »The Wild One« (»Der Wilde«) 1953 in die Kinos und prägte augenblicklich das stereotype Bild vom »Biker-Rowdy«, das das gesamte Jahrzehnt beeinflusste. Der Film rief wütenden Protest von aufgebrachten Bürgern hervor – so heftig, dass für manche Gegenden ein spezieller Nachspann angefügt wurde, in dem eine Erklärung den Zuschauern versicherte,

77 Peter Fonda und Nancy Sinatra auf einem Standfoto (Ausschnitt) aus *The Wild Angels*

78 Lee Marvin und Marlon Brando in der Kampfszene aus *The Wild One*. Im Vordergrund steht eine Hydra Glide von 1950 ohne Vorderradschutzblech (folgende Doppelseite)

Johnny

dass die Motorradfahrer später der Justiz übergeben worden seien. Dennoch war der Film in den USA bis in die Sechzigerjahre verboten.

Es war eher Lee Marvin, Fahrer einer Hydra Glide von 1950, und seine Bande alkoholisierter Lumpen, die als »Biker« identifiziert wurden, als jene Motorradfahrer, die in den Sechzigerjahren mit bizarren Kopfbedeckungen und verrückten Sonnenbrillen auftraten. Tatsächlich fuhr der Präsident der »San Francisco Angels« nach Hollywood und schaffte es irgendwie, in den Besitz des blau-gelb gestreiften Pullovers zu kommen, den Marvin im Film trug. Der Club-Präsi trug das Teil, bis es zerfiel.

Die Filmgesellschaft American International Pictures (AIP) nahm sich des Themas in ein paar billigen Schwarzweiß-Filmen an: *Motorcycle Gang* (1957) und *Dragstrip Riot* (1958). Doch es handelte sich eher um zahme, jugendfreie Angebote. Mittlerweile griffen verwandte Bereiche des Mediums die Sache auf: Biker röhrten über die Bildschirme Amerikas in einer Folge der Serie »The Twilight Zone« mit dem Titel »Black Leather Jackets«, doch die drei ledergewandeten Fremden waren (natürlich) Außerirdische. In den Popmusik-Hitlisten erschienen »Black Denim Trousers and Motorcycle Boots« von »The Cheers« (1955) und später »Leader of the Pack« von »The Shangrilas«.

Erstaunlicherweise war es eine Reihe von britischen Filmen der frühen Sechziger, die die Fahrzeit der Kino-Motorräder verlängerten. Die »Hammer films«-Gesellschaft, bekannt für modische Horrorfilme, produzierte »These are the Damned« in einem seltsamen, futuristischen Ambiente an der britischen Westküste. Der blutjunge Oliver Reed spielte als Anführer einer Bande von gnadenlosen Motorradfahrern die Hauptrolle.

Doch der beste britische Biker-Film war Sidney Furies »The Leather Boys« (1963). Kurz nach seinem Erfolg mit dem Cliff-Richard-Streifen »The Young Ones« übersetzte Furie Elliot Georges hartes Buch mit demselben Titel in ein überraschend ödes Drama von fast dokumentarischem Stil. Es rückt das trostlose Leben des Paars Reggie und Dot (Colin Campbell und Rita Tushingham) aus Nord-London in den Blickpunkt, in einer niederdrückenden, hoffnungslosen Umgebung von städtischem Verfall. Sie heiraten jung und bekommen auf der Stelle Probleme. Reggie flüchtet mit seinem Motorrad in die Kameraderie seiner Rocker-Kumpels und schließt Freundschaft mit Pete (Dudley Sutton), der immer für einen Spaß zu haben ist. Pete ist schwul und Reggie verknallt sich in ihn, was trotz der Zensur jener Tage mit subtiler Klarheit dargestellt wird. Der Film endet so öde wie er begann: Die beiden Jungs wollen gemeinsam nach Übersee abhauen; doch als Reggie zwei alte Tunten in einer Kneipe trifft und erkennt, was ihm bevorsteht, verschwindet er allein.

Im gleichen Jahr produziert der junge amerikanische Avantgardefilmer Kenneth Anger (von dem u.a. der surreale homoerotische Film »Fireworks« stammt) seinen bis dahin eingängigsten Streifen »Scorpio Rising«, einen wegweisenden künstlerischen Film, der die fetischistischen Rituale der Biker-Kultur – »Uniform« von Jeans, Stiefeln und Lederjacken, Polieren der glänzenden Motorräder – mit einer ironischen Filmmusik von aktuellen Popsongs kombinierte. Hier wurde zum ersten Mal Pop als reine Filmmusik benutzt. Anger spitzte das Biker-Rebellen-Bild zu, indem er seine Szenen von Drag-Rennen der Motorradfahrer auf einer Brücke mit alten Streifen von Dirt-Track-Wettbewerben schnitt, mit Brando- und Dean-Sequenzen (vom

79 Marlon Brando in *The Wild One*. Dieses Standfoto wurde zur Ikone einer ganzen Generation von Motorradfahrern

80 Standfoto aus dem britischen Film *The Leather Boys*

Fernsehbildschirm abgefilmt!) und sogar mit einigen Passagen aus einem alten Schwarzweiß-Film aus der Sonntagsschule. Typisch Anger, reitet Jesus auf einem Esel in Nazareth ein – zum Klang von »He's a Rebel« von den »Crystals«.

Doch vor Hollywoods Türen ereigneten sich nun Dinge, die die Filmstudios aufhorchen ließen. Die verschiedenen Motorradbanden, die die Vorlage für »The Wild One« gegeben hatten, waren weiter gediehen. Doch seit den späten Vierzigerjahren war eine harte, kompromisslose Biker-Elite herangewachsen und wiederum war der Name »Hell's Angels« in den Schlagzeilen.

Die ersten Chapter (Regionalgruppen) des Clubs wurden 1948 in San Bernardino gegründet, 1954 in San Francisco und 1957 in Oakland. Mitte der Sechziger begannen einige blutgierige Boulevardblätter, Horrorgeschichten über deren Auftreten zu verbreiten. Hunter S. Thompson machte sich einen Namen, indem er mit ihnen fuhr, über sie schrieb und sich schließlich mit ihnen zerstritt, nachdem er »Hell's Angels – The Strange and Terrible Saga of Outlaw Motorcycle Gangs« (1966) verfasst hatte.

Das Thema wurde 1965 weiter angeheizt. Russ Meyer, der seine Vorliebe für großbrüstige Frauen durch harmlose Nacktfilmchen in riesige Gewinne umgesetzt hatte, war auf der Suche nach einem neuen Sensationsthema, mit dem er die Kinokassen klingeln lassen könnte. Er dachte sich, dass Motorradfahrer eine gute Story abgeben würden und filmte »Motor Psycho«, die Geschichte von drei verrückten Bikern auf einer Welle von Vergewaltigungen und Mord. Unglücklicherweise sorgte das knappe Budget des Films dafür, dass die drei mit kläglichen 50-Kubik-Rollern ausgestattet wurden, was das bedrohliche Auftreten etwas trübte.

Der legendäre Direktor der AIP-Filmgesellschaft Roger Corman entdeckte im Life-Magazin einen Beitrag über eine Angels-Beerdigung und das Bild dieser haarigen Horde auf ihren glänzenden Hogs* schien reif, vermarktet zu werden.

Corman hatte sich in den späten Fünfzigerjahren nach oben gearbeitet, von billigsten Western und Kriegsdramen bis zu absurden Science-Fiction- und Horrorfilmen. Seine bewährte Art, die Kassen zu füllen, ließ bei AIP größere Gelder fließen, und in den frühen

81 Schallplattenhülle der Filmmusik von *The Wild Angels*

Sechzigern drehte er eine Serie von üppigen, farbenfrohen Filmen auf der Grundlage des Werks von Edgar Allan Poe. Er scharte eine Gruppe junger Talente um sich, unter denen Jack Nicholson, Peter Fonda und Peter Bogdanavitch waren.

Die Arbeit begann 1966 mit »All the Fallen Angels«, später umgetitelt in »The Wild Angels«. Wie die Macher von »The Wild One« suchte man Gruppen der Angels auf und warb um deren Unterstützung. Allerdings war das Verhältnis immer gespannt – Bogdanavitch wurde angeblich während der Dreharbeiten von einer Biker-Bande zusammengeschlagen. Die Kamera wurde im Dokumentarstil eingesetzt, indem sie Peter Fonda und seiner Bande beim Trinken folgte, beim Kämpfen, sich Aufputschen und Herumrasen auf ihren gechoppten Motorrädern. Der Film stellte ihrer sinnlosen Gewalt nichts entgegen, keine gehaltvolle Hollywood-Predigt – die Bande wurde lediglich bei ihrem wütenden Randalieren gezeigt, von dem sie straflos davonkam.

Fonda wurde erst in letzter Minute für die Rolle als Bandenanführer ausgewählt. Eigentlich war George Chakaris dafür vorgesehen, doch Corman wollte Realismus und bestand darauf, dass Chakaris Harley fuhr. Der wiederum konnte dies nicht und wurde daher durch Fonda ersetzt, Fahrer einer prachtvollen Panhead mit Springergabel und Fatbob-Tank. Seine Filmpartner waren

* Hogs (wörtlich: Schweine, schmutzige Kerle) nannten und nennen die Harley-Fahrer der Rocker-Zunft (oder diejenigen, die gerne dazugehören würden) ihre Maschinen. Darauf bezieht sich auch der (durch Harley-Davidson geschützte) Name des Harley-Besitzer-Clubs: Harley-Davidson Owners Group, abgekürzt HOG. D.Ü.

eine hölzerne Nancy Sinatra und ein überragender Bruce Dern. Letzterer spielt »Loser«, den Kumpanen der Bande, dessen Filmtod Corman die Chance gab, die Beerdigung in Szene zu setzen, die den Film inspiriert hatte. In der Kirche predigt ein Pfarrer den Angels vom Übel ihres Tuns, daher schlagen sie ihn zusammen, feiern eine Orgie in der Kirche und begraben dann ihren Kameraden – nachdem sie seine Freundin vergewaltigt haben. Schließlich flieht die Bande vor einer Gruppe aufgebrachter Einwohner, bevor die Polizei eintrifft, doch Fonda bleibt zurück in Erwartung der Strafe, da es »keinen Ort gibt, wohin man flüchten kann«.

Die Kritiker heulten vor Empörung über den krassen Vermarktungs-Müll, doch das Publikum war verrückt nach dem Film. Die Titelmusik von »Davey Allen and The Arrows«, unterlegt mit Bongos, war ein Hit, und AIP machte die dicksten Gewinne seit der Firmengründung. Die Angels waren nicht sehr begeistert von ihrem Porträt im Film als hirnlose Mörder und verklagten AIP (erfolglos) auf vier Millionen Dollar Schadenersatz, da sie auf »falsche und herabsetzende Weise« dargestellt worden seien.

Jeder nach Vermarktung strebende Filmemacher im Land ließ alles fallen und drehte schleunigst einen Abklatsch, um die neueste Hollywood-Kuh zu melken – wobei es sich bei der Kuh eher um ein Schwein (Hog) handelte. AIP selbst schob 1967 »Devil's Angels« nach, eine abgepauste Kopie des Vorgängers, worin John Cassavetes den Cody spielte, einen älteren, eher müden Bandenführer. Obwohl vom »Wild Angels«-Autor Charles Griffith geschrieben, ist die Gewalttätigkeit abgedämpft und trotz einiger Tobsuchtsszenen der Bande ist der Ton des Films weniger anarchisch und hirnlos und endet mit Codys Fahrt in den Sonnenuntergang, eine Träne im Augenwinkel. Dennis Hopper und Bruce Dern spielen mit und begründen ein weiteres wegweisendes Moment im Bikerfilm-Genre.

Mehr Interesse bei Motorradfans fand Joe Solomons Werk jenes Jahres, »Hell's Angels On Wheels«. Er schloss einen Vertrag mit Hell's-Angels-Präsident Sonny Barger, der in einer Nebenrolle auftrat und als Berater fungierte. Solomon engagierte den Kameramann Laszlo Kovacs und in einer Anfangsszene röhrt eine atemberaubende Kavalkade von hunderten echter Angels über die Golden-Gate-Brücke. Adam Roarke spielt den Buddy, Anführer eines Angels-Chapters, und seine Bande verbündet sich mit Poet (Jack Nicholson), der sich in Buddies Freundin verknallt. Sie ihrerseits macht ihm abwechselnd Hoffungen (sooft Buddy mit einem Go-Go-Mädchen ausgeht) und verlässt ihn (wenn Buddy zu ihr zurückkommt). Poet versteht sie nicht und bringt verschiedene Kämpfe, Orgien und Morde hinter sich, bis er und Buddy die Sache in einem Show-down ausduellieren, wobei Buddy stirbt. Poet zieht sich verwirrt zurück.

Andere Biker-Filme kamen im goldenen Jahr 1967 heraus, unter ihnen »The Rebel Rousers«, ebenfalls mit Nicholson, Bruce Dern

82 Werbeflugblatt für *The Glory Stompers*

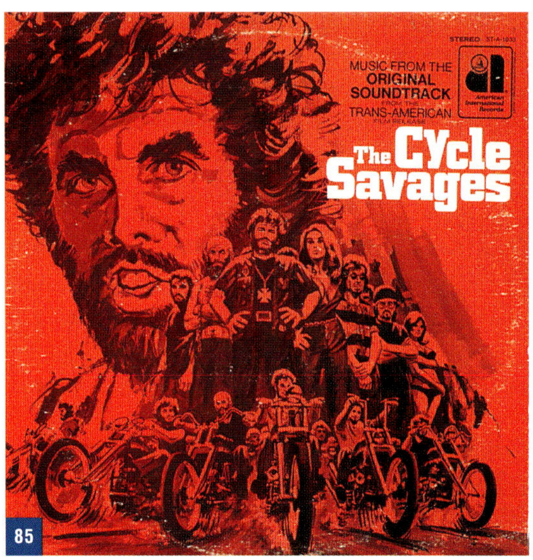

und Diane Ladd (die letzten beiden aus »The Wild Angels«), Harry Dean Stanton und Cameron Mitchell: Eine traumhafte Kameraführung von Laszlo Kovacs, doch nichtsdestotrotz ein Flop. »The Wild Rebels« und ein anderes AIP-Werk, »Born Losers« (»Geborene Verlierer«), wurden ebenfalls auf die Kinos losgelassen. Kovacs wurde erneut engagiert, diesmal von Al Adamson, für den Film »Hell's Bloody Devils«, ein wüstes Machwerk, das nur wegen einem der seltenen Leinwandauftritte von Kentucky-Fried-Chicken-Chef Saunders Erwähnung verdient.

1968 blieb der Gasgriff voll aufgedreht, als Dennis Hopper als Anführer der »Black Souls« in »The Glory Stompers« zurückkehrte und sich damit Bing Crosbys Sohn Lindsay anschloss, dem sprücheklopfenden Diskjockey Casey Kasem und anderen der Davey-Allan-Titelmusiker aus »The Wild Angels«.

AIP knallte außerdem einen der frühesten Mädchen-auf-Motorrädern-Streifen in die Kinos, »The Mini Skirt Mob« (»Bande in Miniröcken«). Er handelt von einer Bande Honda fahrender Mädchen, die mit ein paar motorradfahrenden Rodeo-Cowboys befreundet sind. Sie terrorisieren eine alte Kumpanin, weil sie sich aus der Bande hinausverheiratet hat. Unter anderen spielt wieder Harry Dean Stanton mit. Dick Clark, der Regisseur von »The American Bandstand«, produzierte »The Savage Seven« (Die wilden Sieben) für AIP mit Adam Roarke und in einer Nebenrolle Gitarrenlegende Duane Eddy. Nach dem gewaltigen Kassenerfolg von »Hell's Angels On Wheels« bat AIP Joe Solomon, für sie einen weiteren Biker-Film in diesem Jahr zu produzieren, »Angels From Hell«. Jack Starret spielte einen Bullen auf der Jagd nach einer Bande, angeführt von einem Vietnam-Veteranen (Tom Stern). Die Handlung war etwas dünn und wie üblich gab es Kämpfe, Orgien, Konflikte mit dem Gesetz und einen Show-down zu sehen.

Der Veteran des Filmgeschäfts Herschell Gordon Lewis – der, zusammen mit David Friedman, mit »Blood Feast« den »Blutfilm« erfunden hatte – wollte den Kassenerfolg dieser Streifen wiederholen und war sicher, dass mit einer Bande von ausgeflippten Harley fahrenden Frauen, gemischt mit Blutspritzern, die Rechnung aufgehen würde. Er behielt Recht und das Werk

83 Schallplattenhülle der Filmmusik von *The Hard Ride*

84 Schallplattenhülle der Filmmusik von *The Savage Seven*

85 Schallplattenhülle der Filmmusik von *The Cycle Savages*

86 Standfoto aus dem Film *Angels from Hell*

MC

»She Devils On Wheels« (Teufelinnen auf Rädern) wurde sein größter Hit seit Jahren. Lewis kümmerte sich nicht um Schauspielerinnen – er suchte lediglich über Anzeigen junge Frauen, die große Maschinen fahren konnten; er schrieb eine Reihe von Szenen, in denen sie Jungs zusammenschlugen, Sex mit willigen Hengsten hatten und Bullen Limericks vortrugen. Das Ergebnis war ein Motorradklassiker, der seit nahezu dreißig Jahren ein Video-Geschäft ist.

In Europa setzte sich der Kamermann Jack Cardiff in den Regiestuhl und versuchte, den Geist der späten Sechziger in einem Film zu sammeln, der fast »Easy Rider« als künstlerischer Motorradfilm des Jahrzehnts geschlagen hätte, wäre er nicht so völlig wirr und ziemlich dumpf gewesen. Der englisch-französische Film »Girl On A Motorcycle« zeigt Marianne Faithfull, gekleidet in einer einteiligen Lederkombi (daher der amerikanische Titel »Naked Under Leather«) –, beim Herumfahren in einem psychedelischen Europa auf einer riesigen schwarzen Harley.

Am Ende des Films wird sie so erregt von den Vibrationen des Motorrads zwischen ihren Beinen, dass sie die Kontrolle darüber verliert und stirbt – so wie es der Film in den Kinos tat.

Ende der Sechzigerjahre war Amerika in großen Schwierigkeiten: Der Vietnamkrieg befand sich auf dem Höhepunkt und die Kampagne für Bürgerrechte spaltete das Land. Viele der mehr innovativen Filmemacher hatten sich weiterentwickelt und ließen eine Anzahl schäbiger Kaufleute zurück, die immer mehr uninteressante Kopien von Billigstreifen ausstießen.

87 Werbeflugblatt für den Film *Naked Angels*

Ein weiterer AIP-Versuch eines Mädchen-Rockerfilms, »Hell's Belles«, wurde 1969 gesichtet und Pat Barrington, Kultstar aus »Orgy Of The Dead« und »Mondo Topless«, zog mit einer Bande von Lesbierinnen in »Sisters In Leather« hinaus. Casey Kasem und Davie Allen waren noch immer dabei in »Wild Wheels«; und Direktor Bill Brame schaffte es, eine der bizarrsten Einstellungen in seinem Dealer- und Biker-Streifen »Free Grass« abzudrehen (der ein Flop wurde), indem er Russ Tamblyn, Richard Breymer und die Schwester Natalie Woods, Lana, zusammenbrachte und das ganze Durcheinander mit marktschreierischen Anzeigen bewarb wie: »Schauen Sie sich die Stars von *West Side Story* an, wieder zusammen auf der Leinwand!« Al Adamson, Regisseur von »Hell's Bloody Devils«, mochte nicht glauben, dass ein ehemals großer Hollywood-Name wie Tamblyn freiwillig in diesem Abfallprodukt spielte, und nahm ihn auf der Stelle für seinen neuen Film »Satan's Sadists« unter Vertrag – vielleicht eine der gewalttätigsten, humorlosesten und unappetitlichsten Geschichten einer Bande von Motorradfahrern, die vergewaltigend, mordend und saufend über die Kleinstädte Amerikas herfallen. Mittlerweile war Nacktheit stärker akzeptiert (im Gegensatz zu den früheren Rocker-Filmen) und »Naked Angels« verdient eine Erwähnung als der Bikerfilm mit der fleischigsten Leinwand.

Als das Jahrzehnt zu Ende ging, entstanden drei Motorrad-Streifen mit relativer Berühmtheit, die es wert sind, untersucht zu werden. »Hell's Angels '69« wurde von Tom Stern produziert und Lee Maden führte Regie. Beide waren gleichzeitig Hauptdarsteller in den Rollen von zwei schwungvollen Junggesellen aus Las Vegas, die auf die Idee kommen, ein Casino auszurauben.
Sie verkleiden sich als Motorradfahrer und fallen mit einer Meute von Hell's Angels ein, mit denen sie sich auf lächerlich einfache Weise angefreundet haben. Wie es sich gehört, streichen sie die Beute mit Hilfe der Biker ein, die von den beiden dann um ihren Anteil betrogen werden. Sie erkennen den Betrug und verfolgen das Paar bis zum Show-down. Gut gefilmt und geschnitten, mit einer weitaus schmackhafteren Story als viele der erwähnten Vorgänger, liegt die Stärke des Films bei seinen Darstellern: Die Angels werden gespielt von Sonny Barger und seinen Kumpels. Für Motorradfilm-Begeisterte, die an Hunter S. Thompsons Buch Gefallen fanden, war es ein Erlebnis, all die realen Charaktere auf der Leinwand zu sehen.

Bei Bikerfilmen dachte Joe Solomon noch immer an gefüllte Kassen und er ließ Jack Starrett von der Rolle eines Bullen auf den Regiestuhl wechseln und der legendäre William Smith spielte die Hauptrolle in »Run Angel Run«. Der eindrucksvoll muskelbepackte – und untypisch aufgeweckte – Smith sorgt in diesem handwerklich ordentlichen Film für Glaubwürdigkeit. Er spielt einen übellaunigen Motorradfahrer, der die Geschichte seiner Bande an eine Boulevardzeitung verkauft, damit er ein neues Leben beginnen kann. Um sein Geheimnis zu erfahren, wird er von den alten Kumpels verfolgt und nach einigen eindrucksvollen Action-Szenen und Nebenstorys bekommen sie ihn für einen kettenschwingenden Show-down zu fassen. Solomon und Starrett bekamen Smith auch im folgenden Jahr wieder in den Sattel für ihren vierten Rocker-Streifen, »The Losers« (Die Verlierer). Sonny Barger hatte 1965 an US-Präsident Johnson das ernst gemeinte Angebot gerichtet, dass ein »Stoßtrupp« von Angels nach Vietnam ginge, um der Army zu helfen. Der Präsident lehnte das Angebot ab, aber Solomon und Starrett filmten in »Losers« (1970), was hätte geschehen können: Smith und der Dauerbiker Adam Roarke fuhren massakrierend auf bewaffneten Dirtbikes in Kambodscha herum. Smith spielte im gleichen Jahr auch in dem unbedeutenden Streifen »C.C. & Company« mit.

Ein Film von 1969 ragt nicht nur als einer der besten Biker-Filme heraus, sondern mit Sicherheit als eines der einflussreichsten und größten Gegenkultursymbole aller Zeiten: »Easy Rider«. Dennis Hopper, Jack Nicholson und Peter Fonda bewegten sich inmitten eines kreativen Strudels von Hollywood-Sonderlingen, spielten, schrieben und produzierten eine verwirrende Anzahl von Künstler- und Experimentalfilmen. Corman warf Drogen ein, um über Fonda und Hopper in dem von Nicholson geschriebenen Drogenfilm »The Trip« (1967) Regie zu führen. Dick Clark produzierte 1968 »Psych Out« mit Nicholson (an der Seite Stamm-Biker Bruce Dern, Adam Roarke und Dean Stockwell), bei dem Richard Rush (»The Savage Seven« und »Hell's Angels On Wheels«) Regie führte und

88 Werbeflugblatt für den Film *Angels Die Hard*

Laszlo Kovacs wieder hinter der Kamera stand. Als Hopper und Fonda mit ihrem Drehbuch für »Easy Rider« zu den AIP-Bossen gingen, weigerten sich diese, den unberechenbaren Hopper Regie führen zu lassen. Die Columbia-Filmgesellschaft war nicht so misstrauisch und investierte in das Geschäft. Der Film handelte weniger von Harley fahrenden Neandertalern als von Selbstbestimmung, Suche, Freiheit und Verfall in der amerikanischen Provinz. »Easy Rider« wurde zum größten Unabhängigkeitsfilm aller Zeiten. Er sprach eine ganze Generation an und scheuchte ein verschlafenes, selbstzufriedenes Hollywood auf, das nun wieder einmal versuchte, auf den fahrenden Zug zu springen.

Neben dem handwerklich ordentlichen und einfühlsamen Drehbuch und Nicholsons komödiantischem Porträt eines versoffenen Rechtsanwalts ist es die Kameraführung Laszlo Kovacs', die allem beinahe die Schau stiehlt. Hoppers Chopper gleitet durch ein Feuerwerk von Sonnenlicht, Fonda thront blinzelnd auf seiner glitzernden Harley Panhead – mit der amerikanischen Flagge auf dem Tank –, wenn sie beide durch den riesigen Mittelwesten donnern, die ellenlangen Gabeln am Bug: Auf diese Art Trip würde jeder Rebell gerne gehen.

»Easy Rider« war der Höhepunkt der Ära der Bikerfilme, das Ende einer Reise, die uns von Brandos Lederjackenrebellen durch eine Orgie von Zerstörungen und Massakern mitnahm bis zur kühlen und ausgeflippten Darstellung von Hoppers und Fondas Charakteren, deren Traum von Freiheit in Amerika von bigotten, bewaffneten Specknacken von der Straße geschossen wird. Die Veröffentlichung des Dokumentarfilms »Gimme Shelter« (1970) läutete die Totenglocke für sämtliche zukünftigen Versuche, das Leben der Hell's Angels zu glorifizieren: Das Publikum beim kostenlosen Konzert der Rolling Stones in Altamont wurde Zeuge eines grimmigen, deprimierenden Endes seines Traums vom »Sommer der Liebe«, als die Angels, als Ordner angeheuert, Zähne einschlugen, friedliche Hippies verprügelten und schließlich einen Achtzehnjährigen erstachen, der angeblich Mick Jagger mit einer Pistole bedroht hatte.

Dennoch wurden noch einige eher lächerliche Bikerfilme herausgebracht: 1970 stieß sich der junge Jonathan Demme als Regisseur von »Angels Hard As They Come« die Hörner ab; in dem ultra-gewalttätigen Streifen »Black Angels« prügelte sich eine Bande von schwarzen Motorradfahrern mit ihren weißen Rivalen; weiterer Unsinn folgte mit »Angels Die Hard« (Engel sterben schwer), »Angels Unchained« (Engel ohne Ketten) und »Wild, Free an Hungry« (Wild, frei und hungrig).

1971 trocknete das Thema aus. Die viel versprechende Idee, eine Horrorgeschichte mit Motorradfahrern zu mischen, wurde mit dem prachtvoll betitelten (aber in jeder anderen Hinsicht unfähigen) Film »Werewolves On Wheels« (Werwölfe auf Rädern) ausprobiert. Ein britischer Film versuchte mit mehr Erfolg, diesen Markt im folgenden Jahr zu bedienen. »Psychomania« erzählt die Geschichte des jungen David Hemmings, der das Geheimnis der Unsterblichkeit entdeckt. Er teilt das Wissen mit seiner Bande und alle werden sie Zombie-Biker mit dem Clubnamen »Die lebenden Toten«. Mittlerweile wurden die meisten amerikanischen Bikerfilme für billige Autokinos gemacht und bestanden aus Mengen von Blut, Gewalt und Sex. Die britische Produktion von »Psychomania« war dagegen vergleichsweise zahm: Die schockierenden Verbrechen der Bande bestanden

89 Robert Gordon in *The Loveless*

90 Werbeflugblatt für den Film *Psychomania*

91

92

darin, Hausfrauen Einkaufstaschen zu entreißen und Polizisten die Zunge herauszustrecken. Nichtsdestrotrotz bleibt es ein interessanter und unterhaltsamer Film mit einigen guten Action-Szenen.

Rocker-Filme waren Mitte der Siebzigerjahre mausetot (1975 und 1976 wurde kein einziger produziert); nur wenige erwähnenswerte Ausnahmen huldigten dem Genre oder versuchten es wiederzubeleben – neben ermüdenden und geistlosen Filme wie »Bury Me Angel« (1973), in dem Adams Dan Haggerty auftrat, oder »Hex«, wo John und Keith Carradine ihren Familienzauber ergebnislos über das Biker-Genre streuten. Nur wenige andere waren erfolgreich: Ebenfalls 1973 wurden in dem künstlerischen »Electra Glide In Blue« die Träume eines schwächlichen Motorradpolizisten ausgelotet; 1977 lief »The Northville Cemetery Massacre« (Das Massaker auf dem Northville-Friedhof) an – ein klassischer Bikerfilm der alten Schule, gedreht in Detroit, mit den Bullen als Schurken und den Motorradfahrern als den Guten. Unbekannte, aber recht talentierte Schauspieler gestalteten die hervorragend erzählte Geschichte zu einer Filmmusik von Mike Nesbit von den »Monkees«. Acht Jahre später brachten die Angels höchstselbst – nach zehn Jahren Produktionszeit – einen eigenen Streifen heraus. Der Film mit dem Titel »Hell's Angels Forever« ist ein hervorragendes Dokument und ein Muss für Motorradfans; Persönlichkeiten wie Bo Didley und Willie Nelson treten auf.

Neben Abscheulichkeiten wie »I Bought A Vampire Motorbike« (Ich kaufte ein Vampir-Motorrad) und »Harley-Davidson and the Marlborough Man« erschienen gelegentlich noch Filme, in denen das Motorrad zur Fußnote wurde. Dazu gehörten der Schwulen-Streifen

91 Dennis Hopper und Peter Fonda auf ihren Choppern im Film *Easy Rider*

92 Filmplakat für *Easy Rider*

»Pink Angels« und natürlich Pornos wie beispielsweise »Sleazy Rider«.

Einer der letzten wahrhaft ordentlichen Bikerfilme war Kathryn Bigelows »The Loveless« (Die Lieblosen, 1981). Er spielt in den Fünfzigern und vermittelt einen nostalgischen Blick darauf, was es in der Zeit von »The Wild One« so obercool machte, ein Biker zu sein. Mit dem frisch gebackenen Rockabilly-Schnulzensänger Robert Gordon und einem der ersten Auftritte von William Dafoe beschwört »The Loveless« das goldene Zeitalter der Koppel, Lederjacken und polierten Vorkriegs-Harleys, nicht ohne Gespür für wirksame Werbung. Der Film führt uns zurück zu den Wurzeln des Biker-Mythos'.

Dem Motorrad »Bikerfilme«, das 1953 mit »The Wild One« angekickt wurde, ging offensichtlich das Benzin aus. Doch in der kurzen Zeit ihres Lebens auf der Leinwand zeigten die Bikerfilme den Weg vom ledergekleideten Johnny, der trotzig auf den Plätzen der Kleinstädte herumgrummelte, hin zu »The Wild Angels«, einem der schockierendsten und zukunftsweisendsten Filme seiner Zeit. Diese Filme verhalfen Schauspielern zum Durchbruch, die heute Legenden sind: Hopper, Nicholson, Fonda ebenso wie Harry Dean Stanton, Oliver Reed, John Cassavetes, Diane Ladd, Adam Roarke und Dean Stockwell – und natürlich Marlon Brando.

»Easy Rider« strahlt noch immer eine filmische Vision auf seine Zuschauer aus, einen unwiderstehlichen Cocktail von Freiheit, Lässigkeit und Rebellion. Nach einem kürzlich entschiedenen langen Gerichtsstreit kann der Film nun im Fernsehen gezeigt werden und ist auf Video erhältlich. Wer auf der Suche nach einem tieferen Verständnis des Biker-Phänomens ist, sollte ihn gesehen haben – und auch den einen oder anderen weiteren der erwähnten Filme.

93 Standfoto aus *Easy Rider:* Fonda eilt Hopper zur Hilfe, der am Ende des Films erschossen wird.

94 *The Cruiser* von Battistinis Custom Cycles

Ian Mutch

Europäische Custom-Harleys

AVON SPEEDMASTER MKII

Die Custom-Szene, die in der Folge des bewusstseinsverändernden Films *Easy Rider* Europa überfiel, hatte fundamentale Auswirkungen auf das Erscheinungsbild des Motorradfahrens. Vor Peter Fonda waren britische Motorräder von niedrigen, kurzen Lenkern und großen Benzintanks gekennzeichnet gewesen, gekrönt von einem Kinn, in dem gefletschte Zähne die darüberliegenden bebrillten Augen unterstrichen, die wiederum am Tacho klebten – in lustvoller Erwartung der Höchstgeschwindigkeit.

Die Welt nach *Easy Rider* nahm eine totale Umbewertung des Motorrades vor: Es stellte kein Mittel zur Erreichung hoher Geschwindigkeit mehr dar, sondern wurde zum Ausdruck der eigenen Persönlichkeit – sowohl über das Motorrad selbst als auch über ein Leben von unbeschränktem Reisen und grenzenloser Freiheit. Der Einfluss der Sechzigerjahre mit ihrem anarchischen, jede Form sprengenden Wesen wurde von der technischen Gestaltung des Motorrades auf eine Weise gespiegelt, die Empörung und Verachtung unter den etablierten Rockern mit Seidenschlips wie unter den Klassik-Fans auslöste. Es klappte nicht auf Anhieb:
Die Wehen der europäischen Custom-Kunst brachten eine Reihe motorisierter Missgeburten hervor, die vage visuelle Konzepte mit nur einem Minimum an technischem Wissen verbanden.

Einige Merkmale des amerikanischen Chopper-Bildes wurden in die englische Motorrad-Szene transplantiert, die noch immer auf britischen Bikes basierte, was in meist dilettantischem Eifer zu amüsanten Mixturen führte. Was die Easy-Rider-Frischlinge erkennen konnten, waren in erster Linie lange Gabeln und hohe Lenker. In den Augen jener Neulinge wurde aus einem Umbauprojekt sofort ein Chopper, sobald sie es mit diesen beiden Elementen quälten.

Der andere wesentliche Faktor waren niedrige Sitze. Niedrig war cool; doch ironischerweise verfehlten die hastigen Custom-Pioniere Europas ihr Ziel völlig, indem sie es erstrebten. Denn sie begriffen nicht, dass der durch die langen Gabeln erhöhte Sitz nur durch eine Rahmenreckung wieder heruntergeholt und das Motorrad tiefergelegt werden konnte. Ohne die Reckung – und mit ihr eine Änderung des

Lenkkopfwinkels – hoben die langen Gabeln lediglich das Vorderteil des Bikes an und ruinierten dadurch Geometrie und Fahrbarkeit.

In einem ungeeigneten Versuch, diesen Effekt zu mindern, bot der Zubehörmarkt spartanisch gepolsterte Sitzbrötchen an, die gegen die dickeren Standardsitze getauscht werden sollten. Typischerweise waren diese »Sättel« mit wenig mitfühlenden Rahmen verheiratet, wofür zweifelhafte Schraubverbindungen erfunden wurden; dabei spielten Metallsägen und Trennschleifer ihre Rollen in Dramen voll mechanischer Torheit. Ihr Ende waren Sitze, die sich wie trockene Primelblätter aufrollten und nur mit meterlangen Drahtschlingen niedergehalten wurden.

Stärker ambitionierte Mechaniker schweißten ungefederte Rahmenhecks an die Stelle der originalen Hinterradschwingen, um die Motorräder tieferzulegen. Weniger Gründliche tausch-

95 *Silver Trike*
von Danny Franssen
(Detailansicht)

96 Nachbau des Motorrades von *Captain America*, das Peter Fonda in dem Film *Easy Rider* gefahren hat

97 *Red Viking*
von Kenth Arvidsson

A20
Norton

ten die Federbeine lediglich gegen starre Bolzen aus, um das Hinterradschutzblech nahe an den Reifen zu bringen, ohne dass es andererseits nach Gummi roch.

Normale Motorradfahrer überschütteten diese Geräte mit Spott, doch das störte die Biker der neuen Modewelle nicht. Ihre Hände hingen oben am Lenker und die Vorderräder ritten wie königliche Herolde voraus: Runter mit dem Hintern, scheiß auf Qualität! – Glückliche Zeiten!

Angesichts kritischer Breitseiten, die von leistungs- und sicherheitsbewussten Fachleuten abgefeuert wurden, verdankt das Überleben der embryonalen Chopper-Kultur viel der liberalen Auslegung bestehender Verordnungen von Seiten der englischen MOT-Stellen (entspricht dem deutschen TÜV) und der Trägheit des Gesetzgebers in jenen frühen Tagen. Wie schon der Custom-Pionier John Reed einst sagte: »Wir hatten verdammtes Glück, dass wir diese Zeit ohne größere Störungen durch das Parlament überstanden.« Allerdings waren nicht alle Experimente jener Ära so dilettantisch und es wäre unfair, die Anstrengungen herausragender britischer Wegbereiter zu ignorieren, wie die des Mechanikers und Lackierers Ray Leon und des Rahmenbauers John Wallace – bemerkenswerte Propheten der Kunst, die glaubwürdige Werke schufen, die die Masse der Custom-Bikes weit überragten. Ebenso herausragend unter den frühen Machern war Dave Batchelar von P&D – Rahmenbauer von Ruf und noch heute tätig – ebenso wie Jake's Motique, ein Harley-Davidson-Laden in Surrey. Jüngere Umbauten zeigen die Vorlieben von Restaurator und Veredler Richard Taylor, Jeff Murphy von Riverside Cycles, East Coast Cycles, Phil Piper und Gus Traegus. Was das Finish betrifft, so haben die Meister der Farbe wie Ty Lawer von Pageant Paint, Matt the Painter und Ken Rothery ihre außergewöhnlichen Talente eingesetzt, um vielen der besten Kreationen Englands den Glanzpunkt aufzusetzen.

98 Norton-Fahrer auf einem Rockertreffen, Chelsea Bridge, 1984

99 Mitglieder des National Chopper Club, BMF-Treffen, 1991

Unter dem Namen »National Chopper Club« (NCC) entstand in den frühen Siebzigern ein großer Custom-Club.

Als verschworene Gemeinschaft – allerdings ohne Rücken-Patch – etablierte er sich als feiernder und fahrender Club, dessen zentrale Voraussetzung der Mitgliedschaft ein eigenes Custom-Motorrad ist. Als einzigartig innovative Gruppe haben sie vermutlich mehr zur Custom-Szene beigetragen als irgendeine andere.

1979 organisierten die Hell's Angels die erste Custom-Schau in England, die sich nur um Motorräder drehte, die *Kent Custom Bike Show.* Sie war aus dem Stand erfolgreich und wurde von Jahr zu Jahr größer mit über 20.000 feiernden Besuchern aus ganz Europa an einem Wochenende. Viele weitere ähnliche Veranstaltungen von verschiedenen Organisatoren folgten.

In den Achtzigern war die Kunst des Motorrad-Umbaus zu einem ernst zu nehmenden Faktor in der Motorrad-Szene geworden. Seit den frühen Siebzigerjahren waren die Ideen der englischen Customizer von der amerikanischen Zeitschrift *Easyriders* befeuert worden. Mit diesem anspruchsvollen Titel war das Magazin voll von wilden Bikes und abscheulichen Lifestyle-Fotos. 1983 eroberte das erste kompromisslose englische Custom-Magazin die Kioske mit augenblicklichem Erfolg: *Back Street Heroes.*

Es spiegelte nicht nur den Custom-Markt wieder, sondern trieb ihn auch vorwärts, indem es die britische Szene zusammenbrachte, die Wünsche seiner Leser erkannte und die Talente der neuen Welle von Szene-Gurus vorstellte. Als »DAS europäische Custom-Bike-Magazin« gehandelt, sah sich die Zeitschrift andererseits bald Konkurrenten gegenüber wie *Big Twin* in Holland, *Freeway* in Frankreich und dem deutschen Titel *High Performance.*

Schließlich kam in England selbst das *HOG*-Magazin (später in *Vee* umbenannt, um Copyright-Streitigkeiten mit Harley-Davidson aus dem Weg zu gehen) dazu, das von *Heavy Duty* verdrängt wurde, einem Harley-Magazin, dessen schillernde Geschichte häufig wechselnde Eigentümer sah.

100 Zeitschrift *Easyriders*

101 Zeitschrift *Back Street Heroes*

102 *Twin Blower* von Richard Taylor

103 *Silver Trike* von Danny Franssen (folgende Doppelseite)

102

Die ersten Custom-Umbauten waren britische Motorräder, meist Triumphs und BSAs.

Später in den Siebzigern schlichen sich japanische Bikes ein, die langsam als ernst zu nehmende Bewerber akzeptiert wurden. Jeden, der in dieser Zeit eine Harley-Davidson besaß, umgab eine fast mystische Aura einer anderen Kultur. Damals unvorstellbar, dass in wenig mehr als zehn Jahren die große amerikanische Freiheits-Maschine über Europa hinwegfegen würde mit einer Gewalt, die man seit der Landung in der Normandie nicht mehr gesehen hatte.

Seit vielen Jahren hatte Harley-Davidson, einmal abgesehen von den Sportster-Modellen, die Vorherrschaft unter den Big Twins mit schweren Maschinen behauptet, ausgerüstet mit massiven Schutzblechen, Gepäcktaschen und Sätteln, die den Motor trotz seiner Größe vergleichsweise zu einer Nebensächlichkeit machten. Harley-Davidson brauchte Jahre um zu begreifen, dass die Käufer all diesen ausladenden Zierrat abschraubten und »choppten« (abschnitten), um ein kahl geschorenes Monster mit einem Rad an jedem Ende zu erhalten. Der erste werksseitige Versuch, den Geschmack der Besitzer nachzuahmen, war die *Super Glide*, die im Prinzip aus einem Motor mit zwei Rädern bestand. Britische Motorradfahrer mit ihren nervös schnarrenden Paralleltwins hatten zuvor das »übergewichtige Eisenschwein, das zum Glück bei uns nicht häufig herumwatschelt« verachtet; doch mit dem Erscheinen der *Super Glide* wurde auch eine begrenzte Zahl von ihnen zu amerikanischem Eisen verführt.

Im Morgengrauen der Neunzigerjahre hatte die Harley-Invasion, entgegen den boshaften Wünschen einiger Verleumder, die europäische Custom-Szene überschwemmt. Der eigentliche Brückenkopf war bereits Mitte der Achtziger gesetzt worden, als die Modelle mit den neuen Evolution-Motoren besserverdienende Um- und Wiedereinsteiger anzogen. Harley-Davidson baute nun Motorräder, mit denen man Reisen ohne Aufregung hinter sich bringen konnte, ohne Begleitung von Tankwagen voller Öl und ohne ständigen Griff nach dem Werkzeug. Sogar an eine Reihe von Gummiaufhängungen hatte man gedacht, die den Fahrer weitgehend von den Vibrationen des V-Twins abschirmten,

104 Club-Aufnäher der *Harley Owners Group*

105 *Yellow Hammer* von Steve Morley

Vibrationen, die von ganzen Journalisten-Generationen euphemistisch bejubelt wurden.

Zeitschriften und Shows führten die schwedischen Chopper mit ihren langen Gabeln, den kompromisslos harten Rahmen, riesigen eckigen Hinterreifen und geringstmöglicher Ausrüstung in England ein.

Die Schweden-Umbauten faszinierten und beeinflussten viele Veredler, die ihre Symmetrie, Linie und Qualität erkannten. Über Jahre wurde die Harley-Szene in Europa von den nördlichen Ländern dominiert, darunter herausragend Schweden mit außerordentlich vielen Fans im Verhältnis zur Einwohnerzahl. Währenddessen war Holland berühmt für seine vielen alten Militärmaschinen, die meist gechoppt waren. Im Laufe der Zeit wurde Deutschland zum Brennpunkt der Szene, die sich mit attraktivem Harley-Marketing rasch nach Südeuropa ausbreitete; die *HOG* (Harley Owners Group) war dabei eine einflussreiche Kraft. In vielen europäischen Ländern hatte es bereits den *Harley-Davidson Riders Club* gegeben, der über Jahrzehnte Bestand gehabt hatte. Obwohl er ausdrücklich kein Rocker-Club war, besaß er doch ein Image, zu dem der Hersteller eine Alternative anbieten wollte. Die *HOG* war etwas anderes: Mitbegründet vom Hersteller, etablierte die HOG ein sauberes, anti-sexistisches Familien-Image mit interessanten Treffen ohne Wettbewerbe mit nassen T-Shirts.

Außer bei wenigen in der Wolle gefärbten Liebhabern waren Harleys in der Vergangenheit immer mit Gesetzlosigkeit assoziiert worden. Die einzigartig tierische Ausstrahlung der Harleys wirkte auf die Machos der Rockerclubs attraktiv und sie unterstützten die Marke. Sie nahmen es daher übel, als Yuppies und RUBs (rich urban bikers – reiche städtische Motorradfahrer) in ihre Kultur einbrachen und bald die Mehrheit stellten gegenüber jenen Ungewaschenen, von denen sich die Firma Harley-Davidson schon lange distanzieren wollte. Einst war ein typischer Harley-Fahrer ein gammeliger, verölter und mittelloser Enthusiast, für den das Motorrad das einzig Schöne und Wertvolle in seinem Leben war. Der heutige Harley-Besitzer dagegen ist mit hoher Wahrscheinlichkeit Firmenchef, Rechtsanwalt oder Werbegrafiker, der seine Harley nur fährt, wenn die Nachrichten ein Dauerhoch

106 Familie auf einem Treffen der *Harley Owners Group*, Goodwood, 1993

107 Deutsche Custom-Harley auf der Kent Custom Bike Show, 1997

108

109

gemeldet haben; für anderes Wetter nimmt er den Porsche oder den Range Rover. Die traditionellen Hüter der Harley sind aber nicht verschwunden; sie sind lediglich nicht mehr sichtbar in der Masse der Besserverdienenden, und zwar in dem Maße, wie Motorradfahren im Allgemeinen und Harleyfahren im Besonderen gesellschaftsfähig geworden ist.

Die sprunghafte Vermehrung von Harley-Treffen in ganz Europa – wie die *French Freewheels*, die *Harley Riders Super Rallies*, zahlreiche *HOG*-Treffen – verführten die neuen vermögenden Besitzer zu weiteren Touren mit den problemlosen Evo-Maschinen. Das wieder brachte die Custom-Kunst zu mehr praktischen Gesichtspunkten und einen Bedeutungsrückgang von ungefederten Fahrwerken, die unzählige Orthopäden- und Zahnarztpraxen in den vergangenen Jahrzehnten am Leben erhalten hatten.

Vor diesem Hintergrund tauchte ein neuer Name in der Custom-Szene auf: 1991 gründeten die Battistini-Brüder Ricky und Dean in Verbindung mit dem Franzosen Jeff Duval und seinem Partner Nigel Saxon in Bournemouth die Firma *Battistinis Custom Cycles*. In kurzer Zeit baute die Schmiede eine Serie von Harleys auf ein atemberaubendes Design um. Die Fans wurden aufmerksam, als die Custom-Magazine ihre Kameras auf die langen, niedrigen Maschinen richteten, die von dem gepflasterten Hof rollten.

Innerhalb eines Jahres hatten die Battistinis ihre Handschrift etabliert. Schlanke, gestreckte Rahmen, frei von hässlichen Auslegern; flache, nach hinten und oben gelegte Lenker; exquisit geformte Benzintanks; jede Menge Qualitätsteile; und ein Finish, das die Vergrößerungslupen der mäkeligsten Kritiker herausforderte. Motorräder einer solchen Klasse sind nicht billig: Für ein typisches Battistini-Produkt werden Preise zwischen 55.000 und 80.000 DM gefordert. Was *Battistinis* ebenfalls von vielen anderen Customizern unterschied, war die Fähigkeit, pünktlich nach Zeitplan zu liefern. Während die Kunden vieler Technik-Künstler Monate oder gar Jahre warten mussten, weil die Veredler nur zwischen anderen Jobs an den Bikes schraubten und Ewigkeiten auf Teile warteten, konnten die Battistinis diesen Prozess sehr zur Zufriedenheit derjenigen Kunden beschleunigen, die das Geld dafür hatten und das Produkt fertig vor die Haustür haben wollten.

Zum Teil bezog die Firma ihren Zulauf aus den frustrierenden Wartezeiten auf Custom-Teile aus den USA, wo der legendäre Arlen Ness die Custom-Welt mit einer Reihe gestalterischer Interpretationen von Harley-Komponenten dirigierte. Angesichts solcher Verzögerungen und angesichts der Nachfrage nach Ness-Teilen investierten die Battistinis wesentlich in Lagerhaltung, um den wachsenden europäischen Bedarf zu decken.

108 *Smooftale* von Battistinis Custom Cycles (Detailansicht)

109 *Paint it Black* von Battistinis Custom Cycles

110 *The FXR-SS* von Battistinis Custom Cycles

110

111 *Medusa*
von Marié Rashussen

112 *Red Viking*
von Kenth Arvidsson

113
114
115 *John Deere*
von der Custom Ranch, Deutschland

Heute besteht das Geschäft der Firma fast ausschließlich aus dem Verkauf von Zubehör und komplette Motorräder werden meist nur als rollende Werbeträger für die immer größere Palette von Ness- und Battistini-Brocken gebaut. Eine Bestätigung für die Qualität der Firma liegt in den steten Aufträgen über Battistini-Benzintanks durch niemand anderen als Arlen Ness selbst.

Den möglicherweise größten Einfluss auf die Custom-Szene seit den Achtzigerjahren hatte die Tatsache, dass Harley-Davidson diesen Markt schließlich akzeptierte und versuchte, die Bedürfnisse der Szene in ihre Modellpalette einfließen zu lassen. Viele sehen darin den Grund, dass radikales Customizing wie kompletter Rahmenumbau oder gründliche technische Änderungen zurückging – zu Gunsten einer »Anschraub«-Philosophie. Während die Battistinis noch immer einzigartige Motorräder bauen, haben sie doch schnell erkannt, dass es einen gemäßigteren Appetit auf die Verbindung von persönlichem Ausdruck, Praktikabilität und Legalität gibt – ein Ziel, das durch geschmackvolle Auswahl von ergänzenden Komponenten erreicht werden kann. Die radikale Gelobt-sei-was-hart-macht-Fraktion spottet natürlich über die »Anschraub-Hochstapler«; andere wieder sehen darin eine Analogie zu unserem Alphabet, das den Schriftsteller mit einem grenzenlosen Schatz an Ausdrucksmöglichkeiten versorgt, indem es künstlerische Kombinationen einer begrenzten Anzahl von Buchstaben erlaubt. Die Kataloge der Zubehöranbieter offerieren weit mehr als die 26 Komponenten des Alphabets und so kann es nur wenig verwundern, dass durch ihre Verwendung viele einzigartige Produkte der Custom-Kunst realisiert wurden.

In Nordeuropa war parallel zu Großbritannien eine gesunde Custom-Szene herangewachsen. Hier ragte offensichtlich Schweden heraus, dessen weltoffene, von England beeinflusste Kultur einen stellvertretenden Patriotismus gegenüber britischen und amerikanischen Motorrad-Produkten übernommen hatte. Wie in den meisten westlichen Ländern lautete das Motto (auf die Gefahr hin, die Liebhaber britischer Eisen in Rage zu bringen): Wenn du dir keine Harley leisten kannst, nimm eine Triumph oder BSA. In der schwedischen Custom-Kultur wurde honoriert, dass sich die Briten immer noch gegen die Vorherrschaft fernöstlicher Maschinen wehrten.

Die Schweden nehmen ihre Custom-Maschinen ernst und behandeln sie mit einer Sorgfalt, die Respekt verlangt. Die wundervoll glatten Straßen Schwedens sind es, die zum Weiterleben des radikalen Choppers beitragen, während er in Resteuropa zurückging. Federung wird tatsächlich nur benötigt, wo die meisten

111

112

113

Straßen uneben sind; und in Schweden gibt es nicht nur außergewöhnliche Asphaltdecken, sondern auch außergewöhnliche Winter, die das Motorradfahren an acht Monaten im Jahr verbieten und die Veredler ermutigen, lange Abende in ihren Schuppen zu verbringen, wo sie ihre Motorräder für die nächste Saison aufbauen oder restaurieren.

Wenn das Schweden-Design zu kritisieren ist, dann beim immer gleichen Erscheinungsbild, das einen leichtgläubigen Außerirdischen zu der Überzeugung bringen muss, alle schwedische Motorräder *müssten* hinten riesige Autoreifen besitzen und ungefederte Rahmen und ellenlange Gabeln haben.

Lästerzungen könnten behaupten, dass die Schweden in einer Art Zeitschleife feststeckten. Doch es hat auch etwas Beruhigendes, wenn eine Nation so selbstverständlich an einer landestypischen Besonderheit festhält und damit allem heutigen Druck nach kultureller Gleichmacherei widersteht.

Kritiker, die annahmen, dass die Chopper im Prinzip verkehrsunsicher seien, wurden von den Entscheidungen schwedischer Versicherungsgesellschaften verwirrt, die den Besitzern von Custom-Bikes reduzierte Tarife anbieten. Es ist eine Tatsache, dass die Fahrer solcher Maschinen weniger Unfälle haben, höchstwahrscheinlich weil sie weniger geschwindigkeitsberauscht sind als andere Motorradfahrer. Das schwedische Experiment führt zu der Feststellung, dass Sicherheit eher eine Frage des Fahrens innerhalb der Grenzen einer Maschine ist als eine Frage der Fähigkeiten des Motorrades.

Der Ruf schwedischer Qualitätsarbeit wurde und wird erhalten von einigen herausragenden Veredlern und Zubehörfertigern: Der Name *Tolle* steht als Synonym für hochwertige Gabeln, die innerhalb ihrer geometrischen Grenzen gut aussehen und funktionieren; die *Heollund*-Brüder errangen weltweiten Ruhm mit ihren Rahmen, die in über 25 Ländern verkauft werden; *Erikssons* aufregende Räder mit 80 oder 120 Speichen werden auf dem ganzen Erdball kopiert.

In Großbritannien entwickelte sich die Custom-Szene gemäßigter, wobei sich der Lowrider gegenüber dem Langgabel-Chopper durchsetzte. Der Lowriderstil vereint verringerte Hinterradfederung mit gekürzten Gabeln – moderater Kompromiss zwischen dem Serienmotorrad und dem ausufernden schwedischen Extrem, worin sich die traditionelle britische Reserviertheit ausdrückt, die das Understatement mag. Solche Lowrider-Designs finden Beifall aus allen Richtungen, sogar von den mehr Konservativen, die den Anblick als legitime Interpretation eines klassischen Konzepts akzeptieren.

114 115

116

Im Laufe der Zeit haben die südeuropäischen Staaten begonnen, die Nordlichter einzuholen, da die einheimischen Künstlertalente inzwischen das neue Medium entdeckt haben.

Trotz der Gefahr einer Verallgemeinerung: Die Deutschen haben einen Stil kultiviert, der von schwerer Technik und aggressivem Aussehen bestimmt ist, verkörpert von den Vorlieben eines Fred Kodlin, dessen Arbeit auf beiden Seiten des Atlantik Beachtung gefunden hat – bis hin zu einem »Best-of-Show«-Preis für sein »Mord-Rad« in Daytona. Der französische Stil mit seiner Betonung lebhafter Farben wird von den Meisterstücken Nicolas Chauvins gekrönt, dessen *Tribut an Stevie Ray Vaughan* zum besten Motorrad auf der 1992er Kent-Show gekürt wurde.

Bertrand Dubert von Odyssey Kolor ist ein weiterer führender Name aus der Reihe von Umbauern und Zubehör-Herstellern mit ihrer Palette charakteristischer Komponenten. In Italien liegt die Betonung auf der Fahrleistung, angeführt von Mechanikern aus Firmen wie Carbon Dream. In Holland hat die Firma Lowtail eine Reihe von Custom-Rahmen für Harley-Davidsons hergestellt, die das Bedürfnis nach niedriger Sitzposition mit einem brauchbaren Design verbinden; in der Schweiz wurde die Präzision der Uhrenmacher umgesetzt in »Nichts-ist-zu-teuer«-Motorräder, die mit Rollenlagern glänzen, um Reibung zu vermindern und die Effizienz zu erhöhen.

117

116
117 *Tribute to Stevie Ray Vaughan* von Nicolas Chauvin

118 Paul Tropman auf seiner Battistini-Custom-Harley, Drag-Rennstrecke, Bulldog Bash, 1997

Unter den europäischen Zubehöranbietern ragt *Zodiac* mit einer großen Palette von Teilen hervor, die den ständig wachsenden Bedarf der Customizer befriedigen. Anfang der Achtzigerjahre hatte *Zodiac* den britischen Custom-Designer John Reed eingestellt, der gleichzeitig weiter für den US-Zubehörriesen *CCI* arbeitete, während in Deutschland *W&W* mit einem ähnlichen Katalog verwirrender Möglichkeiten die Händlerschaft anführte. Natürlich besteht bei der Nennung von Namen immer die Gefahr, dass tausend andere übergangen werden und ich entschuldige mich hiermit für etwaige Versäumnisse.

Wenn, neben dem Film *Easy Rider*, jemals ein einzelner Faktor die Richtung der Custom-Kunst bestimmt hat, so ist dies die Drag-Szene.

Drag-Motorräder, dafür gebaut, ein schnurgerades Straßenstück aus dem stehenden Start hinter sich zu bringen, haben einen langen Radstand und niedrigen Schwerpunkt für einen guten Geradeauslauf. Die Custom-Bikes, die nach diesem Vorbild gebaut werden, spiegeln, obwohl üblicherweise gekürzt, dieses Design mit niedrigen Lenkern für eine geduckte Sitzposition wieder. Jeder Vergleich mit den Café-Racern der Fünfziger- und Sechzigerjahre wird jedoch durch die Beibehaltung der Fußrastenposition in Standard- oder gar vorverlegter Lage und niedrige Sitze verneint.

Die von der Drag-Szene übernommene Ausstrahlung von geballter Kraft findet viele Bewunderer. Lange stabile Gabeln vor breit geformten Tanks mit funktionellen Benzinstutzen aus dem Flugzeugbau, die in schmale Taillen vor fettem Heck auslaufen, verleihen diesen Motorrädern ein löwenhaft athletisches Aussehen, das von der lässigen Spinnenhaftigkeit des schlaksigen Fonda-Choppers um Meilen entfernt ist. Lange Reisen in der Position beider Hände und Füße nach vorn sind allerdings eine Qual; und die Hartnäckigkeit, mit der Besitzer solcher Bikes darauf bestehen, sie seien alltagstauglich, zeugt von einer verschobenen Wahrnehmung. Mitte der Neunzigerjahre wurde das Drag-Image dieser Motorräder vor allem in

119

120

119 *Flame Job*
von Phil Piper

120 Futuristische Custom-Harley
von Hans Boekhoue, Holland

Holland und Deutschland noch durch sehr breite Lenker unterstrichen, was ihnen das Aussehen eines umgedrehten Keils gab.

Das Überleben der deutschen Custom-Szene im Kampf gegen bürokratische Hürden des teutonischen TÜV-Systems ist ein leuchtendes Beispiel von Erfindergeist, Berharrlichkeit und List. Die deutsche Regierung geht von der Grundannahme aus, dass sämtliche Änderungen an einem Serienfahrzeug nur negativ sein können, und produzierte daher einen Wust von Regeln und Verordnungen, die die Straßenzulassung von Custom-Motorräder sehr schwer machen. In Großbritannien, wo das Helmtragegesetz 1973 eine Motorradfahrer-Bewegung in Form der *Motorcycle Action Group* (MAG) auslöste, hat eine beharrliche Lobby die Bedrohung durch legislative Beschränkungen bisher abgewendet; sie pflegt einen Dialog mit den Behörden, die mittlerweile erkannt haben, dass es keinen Konflikt zwischen den Motorradumbauten und Sicherheitsanforderungen gibt. Hätte England das deutsche System übernommen, so wäre die Arbeit der meisten weniger begüterten Customizer durch den Zwang erschwert worden, Rahmenmuster, Lenker usw. einem Zerstörungstest mit Kosten in astronomischer Höhe zu opfern. Glücklicherweise trug die Kampagne gegen das Helmtragegesetz dazu bei, den Gesetzgeber zu überzeugen, dass er es mit einer immer besser organisierten und stimmkräftigen Lobby zu tun hatte, die sinnlose Bürokratie nicht hinnähme, sollte diese den vernünftigen Erwartungen auf Freizeitspaß zuwiderlaufen.

Die Idee des Custom-Motorrades hat einen langen Weg zurückgelegt. Sie überlebte dabei sowohl die Zensur konservativer Kritiker als auch die Bedrohung durch unsympathische Bürokraten. Gegen alle Widerstände hat die Kunstform des Customizing Legitimation erlangt. Diese Ausstellung legt Zeugnis ab von der beruhigenden Tatsache, dass es in einer Welt, in der Fahrzeugdesign von objektiven Kriterien diktiert wird, noch Menschen gibt, für die das Motorrad mehr ist als bloßes Transportmittel: Ein glaubwürdiges Objekt künstlerischen Ausdrucks. Und so soll es noch lange bleiben.

121 Harley-Konzeptstudie von Bunt's Motorcycle Company

122 *Serial 1*, eine der drei Harley-Davidsons von 1903 (Foto: Harley-Davidson)

Dr. Martin Jack Rosenblum

Harley-Davidson-Ästhetik:

Custom-Kunst von Werk und Fahrern

I Authentizität

Dem Harley-Davidson-Motorrad ging es wie jedem Produkt, das nicht nur erfolgreich verkauft wird, sondern außerdem zum Symbol wird, zu einer Ikone mit kultureller Bedeutung – es hat einen technischen und philosophischen Status erreicht. Wie in der Barbican-Ausstellung deutlich wird, gibt es eine beträchtliche und weiter wachsende künstlerische Bewegung unter den Fahrern, die auf der Custom-Kunst des Herstellers aufbaut. Das heißt, um Willie G.

124

Davidson zu zitieren, Vizepräsident der Entwurfsabteilung beim Werk: Harley-Davidson-Motorräder sind »rollende Skulpturen«. Diese prachtvollen Maschinen tragen einen Geist, der die Fantasie von Fahrern und Fahrerinnen heimsucht. Schon nach kurzer Zeit lässt er Gedanken reifen, wie das Gefährt aussehen müsste, um ein Ausdruck ihres ganz individuellen Charakters zu sein.

Harley-Davidsons haben Seelen, die ihre Besitzer ermutigen, beim Design eine aktive Rolle zu spielen. Der Einzelne wird inspiriert, das, was er aus dem Ausstellungsraum des Händlers bekommen hat, neu zu erschaffen. Das Motorrad rollt aus dem Verkaufsraum über die Straße bis in die geheimnisvolle Garage des Besitzers, wo alsbald magische Rituale stattfinden.

Wer jemals einen Fuß in die heiligen Hallen eines Harley-Besitzers gesetzt hat, hat eine Umgebung betreten, die mit einem Andachtsraum verglichen werden kann: Die Wände sind mit verschiedenen Harley-Davidson-Devotionalien geschmückt, voll von Plakaten, Flaggen, Fotografien von Ausfahrten, Motorradteilen (abgeschraubten und noch zu installierenden), Familienerinnerungen aus dem Harley-Universum, Regale und Borde mit Zeichnungen, Notizen und Werkzeugen. In der Mitte des geheiligten Bodens steht das Harley-Davidson-Motorrad. Üblicherweise muss sich das Familienauto mit einem Platz am Straßenrand begnügen oder, bei glücklicheren Hausbesitzern, mit einer anderen Ecke in der Garage.

Es gibt eine Heizung für den Winter und eine Klimaanlage für den Sommer sowie selbstverständlich Kühlschrank und Kaffeemaschine. Manchmal steht dort auch ein Telefon; doch Kommunikation bleibt während der Veredelungs-Arbeit auf ein Minimum beschränkt.

Ein alter Munitionskasten voller Reinigungs- und Politurmittel steht in der Ecke, gleich neben der Apfelsinenkiste aus den Fünfzigern, voll gestopft mit Schmiermitteldosen. Ehefrau, Ehemann oder Kindern ist es streng verboten, mit diesen Dingen zu hantieren. Während die Harley-Bücher und -Zeitschriften dort auf dem Hocker in der Ecke vorsichtig durchgeblättert werden dürfen, ist dies bei den Werkstatthandbüchern oder gar den Ersatzteilen untersagt. Das Motorrad selbst darf niemals berührt werden. Beim Fahren lass den Wind blasen und den Schmutz spritzen; ruht aber die Maschine aus, darf kein Fingerabdruck zu sehen sein. Befindet sich das Objekt des Custom-Rituals in Ruhe, darf nichts verschmutzt sein, sonst wird der geheimnisvolle Prozess zerstört. Es ist diese äußerst persönliche, respektvolle Behandlung, die es jenem Geist erlaubt, in der Maschine zu wohnen.

Und wie kommt nun diese ätherische Komponente in den Stahl hinein, in das Leder, das Gummi, den Kunststoff?

Dieses unsichtbare Element besitzt eine Geschichte und wird durch die materiellen Formen sichtbar gemacht, die von der Ur-Harley

123 Custom-Harley *John Deere* von der Custom-Ranch, Deutschland

124 Tanklackierung mit Indianermotiv, Daytona 1997

125

126

125 Harley-Davidson-Rennteam, Daytona/Florida, etwa 1920 (Foto: Harley-Davidson)

126 Holzbahnrennen, etwa 1920. Auf solchen Bahnen konnten Geschwindigkeiten über 160 km/h erreicht werden (Foto: Harley-Davidson)

127 *Hydra Glide* von 1949. Das klassische Frontschutzblech hat eine ganze Generation von Customizern beeinflusst (Foto: Harley-Davidson)

1903 bis zu den heutigen Produkten vererbt wurden. Es sind Formgebung und Klang eines Harley-Davidson-Motorrades, die das Unsichtbare zu dramatisch spürbarer Wirklichkeit werden lassen. Linien und Rundungen kann man sehen, Klang kann man hören und diese beiden Eigenschaften, dem Motorrad vom Hersteller mitgegeben, werden von Fahrer oder Fahrerin schöpferisch verändert, künstlerisch entwickelt.

Es gibt berufsmäßige Veredler, die das Serien-Erscheinungsbild und den -Klang ändern, und sie haben aus dem persönlichen Abenteuer ein Geschäft gemacht. Doch sie sind nicht besser und stecken nicht mehr in der Materie als ein Privatfahrer; sie sind lediglich mit ihrem Ritual in eine andere Art von Garage umgezogen, eine mit Verkaufstresen und Kasse. Diese Geschäftsleute sind von der Arbeit für sich selbst zur Arbeit für andere aufgestiegen. Haben sie sich nicht auf diesem Weg entwickelt, so werden ihre Produkte niemals authentisch wirken. Sie mögen dann zwar Geld verdienen und Preise auf Shows gewinnen, doch sie werden niemals zu den Auserwählten gehören.

II Das Erbe

Die berufsmäßigen Customizer sind wie die privaten Veredler inspiriert von den Serien-Skulpturen auf Rädern. 1925 kam der Harley-Davidson-Tropfentank zur Welt.

Diese Form wurde 1936 überarbeitet, um noch schlanker zu wirken, indem sie gekürzt und elegant abgerundet wurde. Auf dem Tank saß ein tropfenförmiger Instrumentenhalter, um das Design zu vollenden. Unter dem Sattel einer EL von 1936 – oder »Knucklehead«, wie sie genannt wurde – hing ein hufeisenförmiger Öltank.

Es gibt industriell gestaltete Formen, die mit der Zeit Symbolcharakter erlangen. Der Harley-Davidson-Tropfentank und der Horseshoe-Öltank sind frühe Beispiele dafür. Andere würden noch die Form der Gibson-Les-Paul-Gitarre nennen, die Fender-Gitarre, den Griff der Colt-Militärpistole – Dinge, die für gute Handhabung designt wurden, aber auch gut aussehen und sich gut anfühlen. Sie gehören zu den Objekten, die als amerikanische Produkte bekannt wurden und dann universale Ausstrahlung erlangten.

Neben anderen Merkmalen von Harley-Davidson – dazu gehören der V-Twin-Motor mit 45°-Winkel, den es seit spätestens 1909 gibt, das Vorderschutzblech wie an der Hydra Glide von 1948 mit seiner stilgleich gestalteten Umgebung und natürlich der Klang einer Harley – sind die Formen des Benzin- und des Öltanks in der Lage, wie die anderen oben genannten Objekte des Industrie-Designs die Vorstellungskraft anzuregen und Bewunderer und Sammler um sich zu scharen. Und die Umbauer, Veredler, die die Seriengestaltung bearbeiten. Diese – im Wortsinn – Volkskünstler modifizieren eher das Design als es umzukrempeln.

Die Serienmaschinen von Harley-Davidson erfahren persönliche Veränderungen, offensichtliche und verborgene Variationen der historisch gewachsenen Harley-Formen. Grundgedanke ist, das Motorrad weiter wie eine Harley-Davidson aussehen, klingen und sich anfühlen zu lassen, doch dies alles auf das Wesentliche zu konzentrieren. Die Industriekunst – Funktion mit Stil – wird zur Volkskunst: Die Funktion wird bewahrt, der Stil individualisiert.

127

128 *FX Super Glide* von 1971. Das erste Serien-Custom-Motorrad der Welt, entworfen von Willie G. Davidson (Foto: Harley-Davidson)

III Vision

Mit der FX 1200 Super Glide machte Willie G. Davidson 1971 einen wagemutigen Versuch. Die Super Glide erhielt ihren Namen und die Custom-Ausstrahlung, indem sie Motor und Fahrwerk der FL-Modelle mit dem sportlichen Vorderteil der XL verband. Die Vereinigung von Big Twin und Sportster war tatsächlich mehr als die Summe der Einzelteile und die Super Glide setzte die Messlatte höher als das F der FL und das X der XL.

Die FX war eine schwere Harley, die das Wesen amerikanischen Motorradfahrens gründlich veränderte. Willie G. Davidson war und ist tonangebend, sobald es sich um Harley-Davidson-Sport und -Ästhetik dreht. Motorradfahren ist ein Sport, aber gleichzeitig auch eine Daseinsform. Willie G. Davidson formt Objekte, die wiederum einen Lebensstil erschaffen.

Er wusste, dass die Veredelung und Verbesserung von Harley-Davidson-Motorrädern schon seit langer Zeit eine Leidenschaft ihrer Besitzer war und dass dieser Trend in den frühen Siebzigerjahren zunahm. Willie G. erkannte, dass dies bei der Entwicklung von serienmäßigen, aber trotzdem individualisierten Motorrädern genau der richtige Zeitpunkt für die Firma war, die Führungsrolle zu übernehmen. Und genau das tat die Super Glide von 1971.

129 *Harley-Davidson FXSTS* mit Springergabel, entworfen von Willie G. Davidson (Foto: Harley-Davidson)

Alle Schöpfungen von Willie G. tragen das Erbe der Harley-Davidson-Gestaltung in sich. Ein typisches Beispiel dafür ist die FXSTS – auch Springer genannt –, die die Vergangenheit zitiert und gleichzeitig in die Zukunft weist. Von der Springer über die Bad Boy zur Heritage Springer haben Willie G. Davidson und sein Gestalterteam ein Motorraddesign geschaffen, das bis vor 1949 zurückblickt, speziell in das Modelljahr 1948. Ihre Vision war und ist, Zweiradarchitektur zu machen, die herrliche Nostalgie mit moderner Technik vereint. Die Modellfamilie mit den Springergabeln – Verwandte der Softail-Typen – besteht aus »Custombikes ab Werk«, die ihre Besitzer zu exquisiten Veredelungen anregen.

Als Willie G. Davidson 1984 übernahm, was ursprünglich die Neuerung eines Customizers war, und die Basis-Softail entwarf (auch FXST genannt, wobei das FX mit ST für »Softail« kombiniert wurde), sah sie aus wie eine Starrrahmenmaschine, war es aber nicht. Die Federbeine liegen unsichtbar unter dem Motorrad und nicht an der bis dahin gewohnten Stelle. Mit ihrem 21-Zoll-Vorderrad war die Softail ein aufregendes Beispiel dessen, was eine Fabrik dem Händler liefern kann. Diese ab Werk radikale Präsentation war durchaus in der Lage, Customizer in die Flucht zu schlagen.

Das Gute an dieser Entwicklung ist, dass die Harley-Davidson-Ästhetik mit dem Motorrad beginnt und den Fahrer begleitet. Dabei hält die Firma an dem fest, was sie als Erwartungen ihrer Kunden ansieht, und stellt Motorräder mit sorgfältigen Details zur Verfügung, die gleichzeitig dem Besitzer immer wieder Möglichkeiten für individuelle Veränderungen vorschlagen.

Diese Bewegung vom Objekt zum Subjekt, vom Motorrad zum Menschen, gebiert künstlerische und philosophische Elemente. Geformt wird ein Glaubensbekenntnis mit ästhetischen Definitionen.

Rituale des öffentlichen Auftretens werden Teil dieses Lebens. Dabei ist die Harley-Davidson eine Art Altar, auf dem Kleidung, Tätowierungen und Selbstwahrnehmung präsentiert werden. Unterschiedliche Hintergründe werden beibehalten, da die Harley-

130

131

132

133

134

135

136

137

Lackierte Benzintanks aus Amerika und Europa

Perewitz
BY BOYDS

138

140

THESE JUDGES SUCK
BUTTHOLE
CHOPPER
HARLEY DAVIDSON

139

141 Knucklehead-Motor, 1939–1947

142 Panhead-Motor, 1948–1965

143 Shovelhead-Motor, 1966–1984

144 Evolution-Motor, ab 1984

145

Gemeinde kein Schmelztiegel ist, sondern eine Versammlung von extremen Individuen, die einzig die Leidenschaft für eine Motorradmarke teilen. Harley-Kunst ist, zunächst und zuletzt, das Motorrad an sich. Aber wenn ihre Anhänger selbst wie Harley-Davidsons aussehen könnten, so würden sie dies tun. Und letzten Endes nähern sie sich diesem Ziel, indem sie ihre Leidenschaft so ausleben, dass sie zu einer Weise des Gehens wird, des Redens, Sehens, Denkens, Fühlens – zu einer Lebensweise.

Wenn du eine Harley-Davidson veredelst und umbaust, beginnst du mit einem Industriejuwel, das du nach deinen Möglichkeiten polierst. Trage diesen Schmuck, so wie er ist, und mit allem, was dich als Individuum ausmacht. Dies ist die Inspiration, die Willie G. Davidson vermitteln will – eine Vision, deren Präsenz bei jedem Gasgeben spürbar und in jedem Auspuffgeräusch hörbar ist.

Die Harley-Kunst ist am Ende dieses Jahrhunderts zu einer bedeutenden populären Bewegung geworden. Im Film, in Büchern, auf der Straße – Harleys sind überall unterwegs. Sie sind zum Standard geworden, ein nicht-standardisiertes Leben zu führen. Das traditionsreiche Firmenlabel ist heute ein Symbol für Ungewöhnlichkeit und Individualität.

Dr. Martin Jack Rosenblum ist Historiker und Leiter des Archivs bei der Harley-Davidson Motor Company, Milwaukee.

145 Steve Morleys *Yellow Hammer* auf der Kent Custom Bike Show 1997

146 *Flight Deville* von Tank Ewsichek (Detailansicht)

147 Harley-Fahrer im Abendlicht am Strand von Daytona

148 *Electra Glide FLTR,* Sondermodell zum 95. Jubiläum (Foto: Harley-Davidson)

149 *Electra Glide FLHT,* Sondermodell zum 95. Jubiläum (Foto: Harley-Davidson)

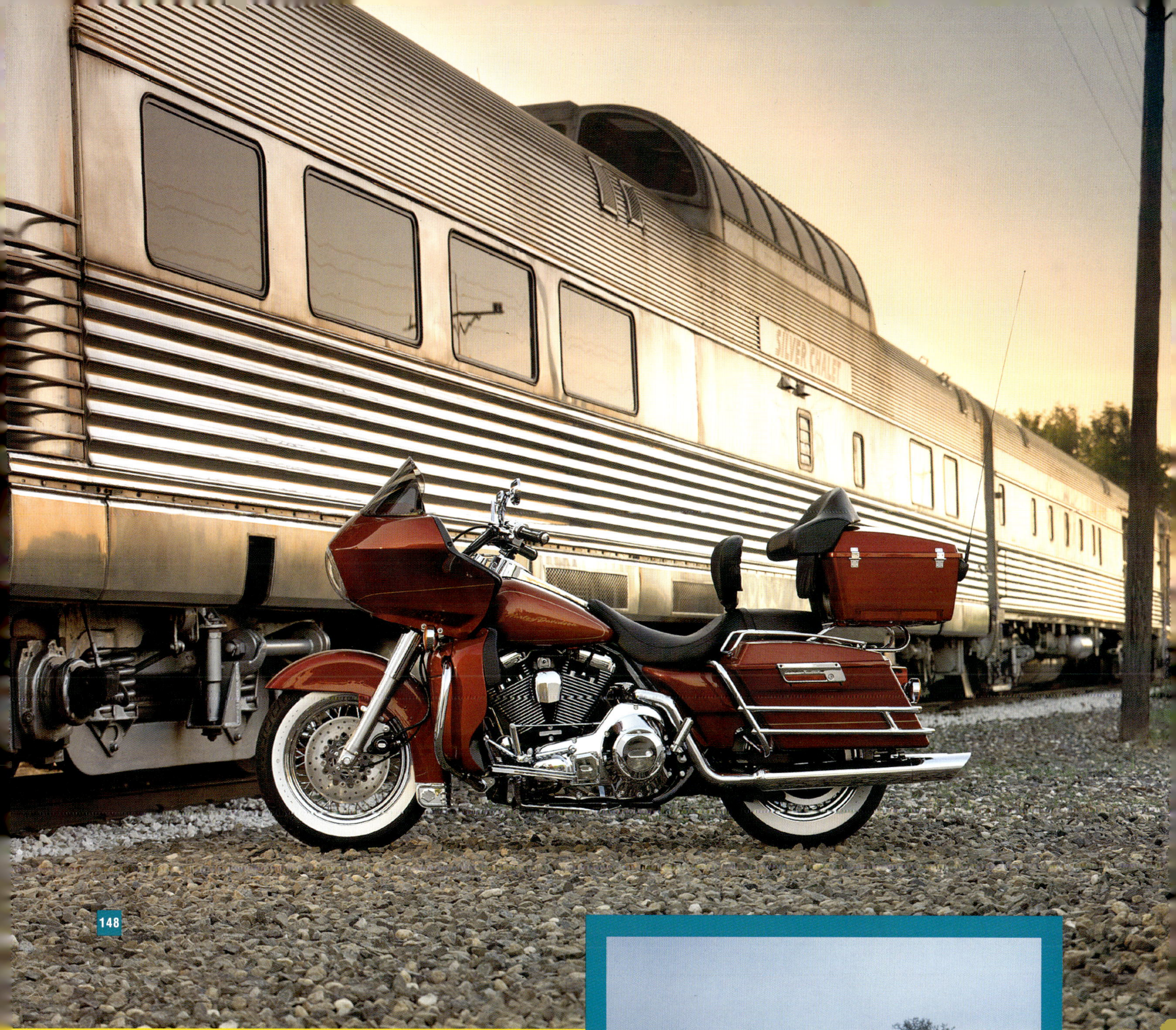

148

149

150 Harley-Fahrer in Sturgis

WALL of DEATH

IV Reise

Von den Ursprüngen 1903 bis zum Jahr des 95sten Bestehens 1998 hat Harley-Davidson Motorräder von außerordentlicher Dauerhaftigkeit und Gestaltung angeboten.

Harley-Davidson-Motorräder sind Kunstgegenstände direkt aus der Fabrik, werden zu einem anderen Kunstwerk in der Werkstatt des Besitzers und verwandeln sich sodann weiter in perönliche und kulturelle Symbole. Diesen Weg zu verstehen braucht es technisches Wissen, Erfahrung in Gestaltungsfragen und ein Bewusstsein von den Antrieben menschlichen Verhaltens.
Doch man muss dazu keine Landkarte zeichnen. Man kann seinen Weg gehen und die Arbeit an der Landkarte Autoren wie mir überlassen. Ich habe mich mit Harleys viele Jahrzehnte lang befasst und wenn ich über diese wunderbaren Motorräder schreibe, erkenne ich immer wieder, dass das Wichtigste an ihnen das Fahren selbst ist.

Aus dem Fahren erwächst natürlich ein wachsender Wunsch, zu verstehen, was die Harley-Kunst ausmacht; doch nach der Arbeit an der Schreibmaschine in den Sattel zu steigen, das ist die Reise. Essays haben Ziele; das Reisen aber kommt ohne diese aus, es wird nur begrenzt durch die Regeln der Straße. Ich werfe nun wieder meine Maschine an, um mich der großen Reise der Harley-Freunde anzuschließen. Schau dir die Ausstellung an, genieße die Kunstwerke, die für kurze Zeit die Straße gegen die Galerieräume getauscht haben.

Schließlich: Das Ziel aller Harley-Kunst bist du, im Sattel eines Motorrades, das deinen Fahrfähigkeiten und -vorstellungen perfekt entspricht. Custom-Kunst von Werk und Veredler will das Fahren selbst zu einer Offenbarung werden lassen, voll Freude und Genuss an einer Reise, die vor allem deine eigene, ganz persönliche Reise ist.

151

151 Trauung von Harley-Fahrern, Sturgis, 1992

152 Harley-Fahrer auf der Straße nach Sturgis (South-Dakota) unterhalb von Bear Butte, einem heiligen Berg der Sioux, 1990

Die Motorräder/ Die Schöpfer

Das Fesselndste an all diesen Motorrädern, an diesen Custom-Maschinen in leuchtenden Farben und ausgestattet mit heiser röhrenden V-Twins, sind die Persönlichkeiten, die sie gebaut haben. Hinter jeder neuen Form eines Schutzblechs, hinter jedem neuen Candy-Farbton steht ein Mann oder eine Frau, die sich das ausdachten. Jedes neue Licht, jeder Schutzblechhalter wurde zunächst als Idee geboren, wurde zur Skizze, dann zum Pappmodell, bis schließlich die Idee in Metall ausgedrückt werden konnte. Ebenso faszinierend wie die wilden Maschinen sind diese Persönlichkeiten mit ihren schöpferischen Kräften und dem Antrieb, sich zu verwirklichen.

Das sind Menschen, die einzigartige Motorräder bauen, die ihre ganz persönlichen Vorstellungen in zweirädrige Realität umformen. Die meisten stammen aus bescheidenen Verhältnissen ohne besondere künstlerische Ausbildung. Dennoch stehen sie jeden Morgen auf und erschaffen Dinge, die nie zuvor existiert haben.

Zu einer Zeit, in der die meisten Produkte vom Fließband kommen, bleibt jedes einzelne Custom-Bike ein handwerkliches Unikat. Während wir dem »guten alten Handwerk« hinterhertrauern, formen die Customizer noch immer Bleche mit dem Treibhammer auf einem Sandsack und ermutigen die jüngere Generation, es genauso zu tun.

Die Motorräder sind einzigartig und schön. Mit einem phänomenalen Bewusstsein für Details wurden Zubehör und Accessoires angebracht und jedes Bike weist wunderbare Formen auf. Dennoch sind die Menschen noch interessanter, die diese Ideen hervorbringen, die Teile herstellen und dafür sorgen, dass sie mit dieser ganz eigenen Harmonie und Eleganz zusammengefügt werden.

Tim Remus, 1997

Die Geschichte der Custom-Harleys

Besitzer	Warrs H-D of London	Modell	US Military
Typbezeichnung/Name	WLC	Hersteller	H-D

Rahmen			
Rahmen	H-D rigid		
Serie oder umgebaut	Serie		
Vordergabel	H-D		
Hinterradschwinge	keine		
Vorder/Hinterradbremse	H-D, Trommel		
Räder	H-D	Größe vorn/hinten	16″/16″
Reifen	Coker	Größe vorn/hinten	5.00 x 16″

Motor					
Baujahr	1942				
Modell	WLC Flathead	Bohrung	H-D	Hub	H-D
Gehäuse	H-D	Zylinder	H-D		
Hubraum	750 cm^3	Ausgewuchtet	Ja		
Zylinderkopf	H-D, Typ Ricardo	Nockenwellen	H-D		
Vergaser	Linkert	Ventildeckel	H-D		
Luftfilter	H-D, Ölbad	Lagerbock für Rollenstößel	H-D		
Auspuffkrümmer	H-D				
Zündung	H-D	Primär/Seitendeckel	H-D		

Getriebe					
Gänge	3	Kupplung	H-D	Umbauten	keine
Primärantrieb	Kette				
Sekundärantrieb	Kette				

Verkleidungen / Zubehör / Lackierung			
Schutzbleche vorn/hinten	H-D		
Custom-Verkleidungen	keine		
Benzintank	H-D Fatbob	Lenker	H-D
Sitz	H-D		
Lackierungsfarbe	Khaki	Lackierer	H-D
Grafiken	U.S. Army		

Besitzer	Warrs H-D of London	Modell	WLD
Typbezeichnung/Name	Bobber	Hersteller	H-D

Rahmen			
Rahmen	H-D		
Serie oder umgebaut	Serie		
Vordergabel	H-D, umgebaut		
Hinterradschwinge	keine		
Vorder/Hinterradbremse	H-D		
Räder	Frühe Leichtmetallfelgen	Größe vorn/hinten	16"/16"
Reifen	Coker	Größe vorn/hinten	5.00 x 16"

Motor					
Baujahr	1942				
Modell	WL	Bohrung	H-D	Hub	H-D
Gehäuse	H-D	Zylinder	H-D		
Hubraum	750 cm³	Ausgewuchtet	Ja		
Zylinderkopf	Frühe Sifton-Köpfe	Nockenwellen	Sifton		
Vergaser	Linkert, aufgebohrt	Ventildeckel	entfällt		
Luftfilter	Mesh	Lagerbock für Rollenstößel	H-D		
Auspuffkrümmer/Schalldämpfer	Drag Dixon, Nachbauten/keine				
Zündung	H-D	Primär/Seitendeckel	H-D		

Getriebe					
Gänge	3	Kupplung	H-D	Umbauten	keine
Primärantrieb	Kette				
Sekundärantrieb	Kette				

Verkleidungen / Zubehör / Lackierung			
Schutzbleche vorn/hinten	H-D, gekürzt		
Custom-Verkleidungen	zeitgenössisch nachempfunden		
Benzintank	H-D, Handschaltung	Lenker	H-D
Sitz	H-D		
Lackierungsfarbe	zeitgenössisch nachempfunden		
Grafiken	H-D		

154

Besitzer	Deutsches Zweirad- und NSU-Museum, Neckarsulm		
Typ/Name	Captain America	Hersteller	Reinhold Paukner

Rahmen			
Rahmen	Paughco Inc., USA		
Serie oder umgebaut	45° gereckt		
Vordergabel	H-D Electra Glide, 12" Überlänge		
Hinterradschwinge	keine		
Vorder/Hinterradbremse	H-D, Trommel		
Räder	H-D und Zubehör	Größe vorn/hinten	21"/16"
Reifengröße vorn/hinten	3.00 x 21 / 130/90 X 16		

Motor					
Baujahr	FL 1952				
Modell	Panhead	Bohrung	H-D	Hub	H-D
Gehäuse	H-D	Zylinder	H-D		
Hubraum	1200 cm³	Ausgewuchtet	H-D		
Zylinderkopf	H-D	Nockenwellen	H-D		
Vergaser	Dell'Orto	Ventildeckel	Sifton		
Luftfilter	Zubehör	Lagerbock für Rollenstößel	H-D		
Auspuffkrümmer/Schalldämpfer	Paughco Fishtail, hochgelegt				
Zündung	H-D	Primär/Seitendeckel	H-D		

Getriebe					
Gänge	4	Kupplung	H-D	Umbauten	keine
Primärantrieb	Kette				
Sekundärantrieb	Kette				

Verkleidungen / Zubehör / Lackierung			
Schutzbleche vorn/hinten	keins/Zubehör, umgebaut		
Custom-Verkleidungen	Paukis H-D		
Benzintank	Paughco, Mustang-Details	Lenker	H-D
Sitz			
Lackierungsfarbe	rot, weiß, blau	Lackierer	Paukis H-D
Grafiken	US-Flagge		

155

Amerikanische Custom-Harleys

Besitzer	Arlen Ness

Typbezeichnung/Name	Two Bad	Hersteller	Arlen Ness

Rahmen			
Rahmen	Eigenbau		
Serie oder umgebaut	Custom extrem		
Vordergabel	Eigenbau		
Hinterradschwinge	keine		
Vorder/Hinterradbremse	Basis Hurst-Air		
Räder	Alum	Größe vorn/hinten	19"/19"
Reifen	Metzeler	Größe vorn/hinten	19"/19"

Motor			
Baujahr	Sportster, Gussköpfe		
Modell	Zwei 900-cm³-Motoren mit 1000-cm³-Zylindern		
Gehäuse	H-D	Zylinder	H-D
Hubraum	je 1000 cm³	Ausgewuchtet	H-D
Zylinderkopf	H-D	Nockenwellen	H-D
Vergaser	Weber	Ventildeckel	Serie
Luftfilter	keiner	Lagerbock für Rollenstößel	Serie
Auspuffkrümmer/Schalldämpfer	Eigenbau		
Zündung	Schwungmagnet	Primär/Seitendeckel	vergoldet

Getriebe					
Gänge	4	Kupplung	Serie	Umbauten	Primär-Riemen
Primärantrieb	Zahnriemen				
Sekundärantrieb	Kette				

Verkleidungen / Zubehör / Lackierung			
Schutzbleche vorn/hinten	keins/Zubehör		
Custom-Verkleidungen	Bob Munroe		
Benzintank	Eigenbau	Lenker	Ness
Sitz	Danny Gray		
Lackierungsfarbe	Purpur	Lackierer	Arlen Ness, Jeff McCann
Grafiken	goldplattiert		

Besitzer	Arlen Ness		
Typbezeichnung/Name	Blown Shovel	Hersteller	Arlen Ness

Rahmen			
Rahmen	Arlen Ness		
Serie oder umgebaut	gekürzt und umgebaut von J. Davis		
Vordergabel	Showa		
Hinterradschwinge	Arlen Ness		
Vorder/Hinterradbremse	Performance Machine		
Räder	vorn: Drahtspeiche, hinten: Eigenbau	Größe v/h	19″/19″
Reifen	hinten: Continental Dirt Track	Größe v/h	3.25x19/4.00x19

Motor					
Baujahr	1979				
Modell	Shovelhead	Bohrung	87,3 mm	Hub	108 mm
Gehäuse	H-D	Zylinder	H-D		
Hubraum	1300 cm³	Ausgewuchtet	ja, von Carl's		
Zylinderkopf	H-D	Nockenwellen	Andrews		
Vergaser	2 Stück SU	Ventildeckel	H-D		
Luftfilter	Velocity Stacks	Lagerbock für Rollenstößel	Serie		
Auspuffkrümmer/Schalldämpfer	Eigenbau				
Zündung	Serie	Primär/Seitendeckel	Spezial-Aluminium		

Getriebe					
Gänge	4	Kupplung	H-D	Umbauten	H-D
Primärantrieb	Zahnriemen				
Sekundärantrieb	Kette				

Verkleidungen / Zubehör / Lackierung			
Schutzbleche vorn/hinten	Zubehör		
Custom-Verkleidungen	Bob Munroe		
Benzintank	in Rahmen integriert	Lenker	Ness
Sitz	Danny Gray		
Lackierungsfarbe	braun	Lackierer	Arlen Ness, Jeff McCann
Grafiken	goldblattiert		

157

Besitzer	Arlen Ness		
Typbezeichnung/Name	Ferrari Bike	Hersteller	Arlen Ness

Rahmen			
Rahmen	Ness, erbaut von Jim Davies		
Serie oder umgebaut	Hardtail		
Vordergabel	Simons, Upside-down-Stil		
Hinterradschwinge	keine		
Vorder/Hinterradbremse	Eigenbau-Bremssättel von Darrell Hayes		
Räder	Eigenbau	Größe vorn/hinten	19″/16″
Reifen	Pirelli	Größe vorn/hinten	19″/265/60x16

Motor					
Baujahr	1990				
Modell	John Harman V-Twin	Bohrung	111,8 mm	Hub	111,8 mm
Gehäuse	JH	Zylinder	H-D		
Hubraum	2100 cm³	Ausgewuchtet	Ja		
Zylinderkopf	JH	Nockenwellen	Chane		
Vergaser	Dell'Orto	Ventildeckel	H-D		
Luftfilter	keiner	Lagerbock für Rollenstößel	H-D		
Auspuffkrümmer/Schalldämpfer	Eigenbau von Bob Munroe				
Zündung	Chane	Primär/Seitendeckel	Ness		

Getriebe					
Gänge	5	Kupplung	H-D	Umbauten	Riemenantrieb
Primärantrieb	Zahnriemen				
Sekundärantrieb	Zahnriemen				

Verkleidungen / Zubehör / Lackierung			
Schutzbleche vorn/hinten	Eigenbau von Craig Naff		
Custom-Verkleidungen	Eigenbau		
Benzintank	Zubehör	Öltank	Zubehör
Sitz	Danny Gray	Lampen	Zubehör
Lackierungsfarbe	Spezial-rot von House of Kolor		
Grafiken	goldplattiert	Lackierer	Arlen Ness

158

Besitzer	Arlen Ness
Typbezeichnung/Name	Flamed Shovel
Hersteller	Arlen Ness

Rahmen			
Rahmen	Zubehör-Hardtail		
Serie oder umgebaut	Serie		
Vordergabel	Paughco-Springergabel		
Hinterradschwinge	keine		
Vorder/Hinterradbremse	vorn keine		
Räder	Drahtspeiche	Radgröße vorn/hinten	21″/18″
Reifen	Metzeler	Reifengröße vorn/hinten	21″/18″

Motor					
Baujahr	1976				
Modell	Shovelhead	Bohrung	87,3 mm	Hub	108 mm
Gehäuse	H-D	Zylinder	H-D		
Hubraum	1300 cm³	Ausgewuchtet	Ja		
Zylinderkopf	H-D	Nockenwellen	H-D		
Vergaser	S&S, Super E	Ventildeckel	H-D		
Luftfilter	Ness	Lagerbock für Rollenstößel	H-D		
Auspuffkrümmer/Schalldämpfer	Eigenbau von Bob Munroe				
Zündung	Dyna	Primär/Seitendeckel	Ness		

Getriebe					
Gänge	4	Kupplung	H-D	Umbauten	keine
Primärantrieb	Kette				
Sekundärantrieb	Kette				

Verkleidungen / Zubehör / Lackierung			
Schutzbleche vorn/hinten	keins/Ness, verlängert		
Custom-Verkleidungen	Eigenbau		
Benzintank	H-D, umgebaut von Bob Munroe	Lenker	Apehanger
Sitz	Danny Gray	Seitendeckel	Bob Munroe
Lackierungsfarbe	rot mit Flammen	Lackierer	Arlen Ness
Grafiken	Flammen		

159

Besitzer	Tank Ewsichek (Tank Tuff Cycles)
Typbezeichnung/Name	Flight DeVille
Hersteller	Tank Ewsichek

Rahmen			
Rahmen	H-D FXR		
Serie oder umgebaut	35° gereckt, 2″ tiefergelegt		
Vordergabel	H-D, 2″ verlängert		
Hinterradschwinge	H-D		
Vorder/Hinterradbremse	H-D, verchromte Bremssättel		
Räder	Rev Tech	Radgröße vorn/hinten	16″/16″
Reifen	Avon	Reifengröße vorn/hinten	130x16/140x16

Motor					
Baujahr	1995, aufgebaut von Tom Pokorney				
Modell	Evo	Bohrung	88,9 mm	Hub	108 mm
Gehäuse	S&S	Zylinder	H-D		
Hubraum	1340 cm³	Ausgewuchtet	Ja, von Tom Pokorney		
Zylinderkopf	H-D	Nockenwellen	Andrews		
Vergaser	Dell'Orto	Ventildeckel	Arlen Ness		
Luftfilter	Dell'Orto	Lagerbock für Rollenstößel	Arlen Ness		
Auspuffkrümmer/Schalldämpfer	Tank				
Zündung	Dyna	Primär/Seitendeckel	Ness		

Getriebe					
Gänge	5	Kupplung	H-D	Umbauten	poliertes Gehäuse
Primärantrieb	H-D, Kette				
Sekundärantrieb	H-D, Kette				

Verkleidungen / Zubehör / Lackierung					
Schutzbleche vorn/hinten	Indian-Stil von Tank				
Custom-Verkleidungen	Eigenbau von Tank				
Benzintank	verlängert	Öltank	Serie FXR	Lenker	Ness
Sitz	Danny Candis	Lampen	Rücklicht: 59er Cadillac		
Lackierungsfarbe	rosa			Lackierer	Tank
Grafiken	grüne Ellipsen				

160

Besitzer	Billy F. Gibbons	Modell	Softail
Typbezeichnung/Name	HogZZilla	Hersteller	Bauder & Chapouris

Rahmen			
Rahmen	H-D		
Serie oder umgebaut	Serie, um 3″ tiefergelegt		
Vordergabel	H-D, gekürzt		
Hinterradschwinge	H-D, starr		
Vorder/Hinterradbremse	H-D		
Räder	H-D	Radgröße vorn/hinten	19″/16″
Reifen		Reifengröße vorn/hinten	19″/16″

Motor					
Baujahr	1991				
Modell	Evo	Bohrung	88,9 mm	Hub	108 mm
Gehäuse	H-D	Zylinder	H-D		
Hubraum	1340 cm³	Ausgewuchtet	Nein		
Zylinderkopf	H-D	Nockenwellen	H-D		
Vergaser	Keihin	Ventildeckel	H-D		
Luftfilter	unter verchr. Seitenteil	Lagerbock für Rollenstößel	H-D		
Auspuffkrümmer/Schalldämpfer	Zubehör, handgeformt				
Zündung	H-D	Primär/Seitendeckel	H-D		

Getriebe					
Gänge	5	Kupplung	Serie	Umbauten	
Primärantrieb	H-D, Kette				
Sekundärantrieb	H-D, Zahnriemen				

Verkleidungen / Zubehör / Lackierung					
Schutzbleche vorn/hinten	Eigenbau von Steve Davis				
Custom-Verkleidungen	Steve Davis				
Benzintank	Eigenbau	Öltank	H-D	Lenker	H-D
Sitz	Ron Magus	Lampen	Eigenbau		
Lackierungsfarbe	candy eggplant von House of Kolor				
Grafiken	keine	Lackierer	John Carambia und Tim Beard		

161

Besitzer	Cyril Huze Custom	Modell	FL
Typbezeichnung/Name	Miami Nice	Hersteller	Cyril Huze

Rahmen			
Rahmen	H-D FLH		
Serie oder umgebaut	39° gereckt und umgeformt		
Vordergabel	H-D Wide Glide, um 2″ gekürzt		
Hinterradschwinge	H-D, umgebaut von Cyril Huze		
Vorder/Hinterradbremse	JayBrake, 4-Kolben-Sattel		
Räder	Drahtspeichen, verchromt	Radgröße vorn/hinten	16″/16″
Reifen	Avon	Reifengröße vorn/hinten	130/90x16 / 140/90x16

Motor					
Baujahr	1977, 1996 neu aufgebaut				
Modell	Shovelhead, v.Sachs	Bohrung	87,3 mm	Hub	108 mm
Gehäuse	H-D	Zylinder	H-D		
Hubraum	1300 cm³	Ausgewuchtet			
Zylinderkopf	poliert und lackiert	Nockenwellen	Crane		
Vergaser	S&S Shorty	Ventildeckel	H-D		
Luftfilter	Cyril Huze	Lagerbock für Rollenstößel	H-D		
Auspuffkrümmer/Schalldämpfer	Cyril Huze, graviert				
Zündung	Dyna	Primär/Seitendeckel	H-D, graviert		

Getriebe					
Gänge	5	Kupplung	Zubehör	Umbauten	
Primärantrieb	H-D, Kette				
Sekundärantrieb	H-D, Kette				

Verkleidungen / Zubehör / Lackierung			
Schutzbleche vorn/hinten	Eigenbau von Cyril Huze		
Custom-Verkleidungen	Teddy Brak, Glen Kotsman		
Benzintank	verlängert	Öltank	CCI, verlängert, graviert
Sitz	Phipps/Schreck	Lampen	Zubehör, Cyril Huze
Lackierungsfarbe	blau/purpur von Florida pastels, PPG		
Grafiken	Cyril Huze, Brigette Le Jeloux	Lackierer	C. Cruz

162

Besitzer	Drag Specialties	Modell	Dyna Glide
Hersteller	Dave Perewitz		

Rahmen

Rahmen	H-D Dyna Glide, umgebaut von Cycle Fab		
Serie oder umgebaut	verlängert um 1,5″, 37° gereckt		
Vordergabel	H-D mit progressiven Federn		
Hinterradschwinge	H-D, umgebaut von Cycle Fab		
Vorder/Hinterradbremse	GMA, Russell-Bremsteile		
Räder	Boyds Daytona	Radgröße vorn/hinten	19″/16″
Reifen	Avon	Reifengröße vorn/hinten	90/90x19 / 140/80x16

Motor

Baujahr	1994				
Modell	Evo	Bohrung	88,9 mm	Hub	108 mm
Gehäuse	H-D	Zylinder	H-D		
Hubraum	1340 cm^3	Ausgewuchtet	Ja		
Zylinderkopf	Edelbrock	Nockenwellen	Serie		
Vergaser	Quiksilver	Ventildeckel	Arlen Ness		
Luftfilter	Quiksilver	Lagerbock für Rollenstößel	Arlen Ness		
Auspuffkrümmer/Schalldämpfer	Python 3	Stößelrohre	Arlen Ness		
Zündung	Crane	Primär/Seitendeckel	Drag Specialties		

Getriebe

Gänge	5	Kupplung	Pro 1, hydraulisch
Primärantrieb	H-D, Kette		
Sekundärantrieb	H-D, Zahnriemen		

Verkleidungen | Zubehör | Lackierung

Schutzbleche vorn/hinten	Cycle Fab		
Custom-Verkleidungen	Dave Perewitz, Drag Specialties		
Benzintank	verlängert von Cycle Fab	Öltank	H-D
Sitz	Drag Specialties	Lampen	Drag Specialties
Lackierungsfarbe	Shimrin pearls and Kandies, House of Kolor		
Grafiken	Nancy Brooks, Brooks Sign	Lackierer	Dave Perewitz

163

Besitzer	Bobby Sullivan	Modell	Softail
Typbezeichnung/Name	Purple Roadster	Hersteller	Dave Perewitz

Rahmen

Rahmen	Custom Chrome		
Serie oder umgebaut	verlängert um 2″, 36° gereckt, 2″ tiefergelegt		
Vordergabel	Boyds, Aluminium gefräst, Standrohre 41 mm		
Hinterradschwinge	Custom Chrome, Drehstabfederung		
Vorder/Hinterradbremse	Arlen Ness		
Räder	Perewitz/Sullivan, gefrästes Alu	Radgröße v/h	17″/17″
Reifen	Avon	Reifengröße vorn/hinten	hinten 190x17

Motor

Baujahr	1996, aufgebaut aus Zubehörteilen				
Modell	V-Twin	Bohrung	88,9 mm	Hub	117,5 mm
Gehäuse	Delkron	Zylinder	H-D/Edelbrock-Köpfe		
Hubraum	1500 cm^3	Ausgewuchtet	Ja		
Zylinderkopf	Edelbrock	Nockenwellen	Crane		
Vergaser	Edelbrock, Quiksilver	Ventildeckel	Ness, gefräst. Alu		
Luftfilter	Cycle Fab	Lagerbock für Rollenstößel	Ness		
Auspuffkrümmer/Schalldämpfer	Bub	Stößelrohre	Arlen Ness		
Zündung	Crane Hi-4	Primär/Seitendeckel	Ness, gefrästes Alu		

Getriebe

Gänge	5, Rev Tech	Kupplung	H-D	Umbauten	pol. Gehäuse
Primärantrieb	H-D, Kette				
Sekundärantrieb	H-D, Zahnriemen				

Verkleidungen | Zubehör | Lackierung

Schutzbleche vorn/hinten	Jesse James		
Custom-Verkleidungen	Cycle Fab		
Benzintank	Eigenbau von Cycle fab		
Sitz	Danny Gray	Lampen	Rücklicht: Cycle Fab
Lackierungsfarbe	Kandy Magenta von House of Kolor		
Grafiken	Nancy Brooks, Brooks Sign	Lackierer	Cycle Fab

164

Besitzer	Drag Specialties	Modell	FXSTC
Hersteller	Don Hotop		

Rahmen			
Rahmen	H-D FXSTC, umgebaut von Hotop		
Serie oder umgebaut	verlängert um 1,5″, 37° gereckt		
Vordergabel	H-D mit progressiven Federn		
Hinterradschwinge	H-D, umgebaut von Hotop		
Vorder/Hinterradbremse	GMA mit Russell-Teilen		
Räder	Performance Machine Viper	Radgröße vorn/hinten	19″/16″
Reifen	Avon	Reifengröße vorn/hinten	90/90x19 / 140/80x16

Motor					
Baujahr	1993				
Modell	Evo	Bohrung	88,9 mm	Hub	114,3 mm
Gehäuse	H-D	Zylinder	H-D		
Hubraum	1418 cm³	Ausgewuchtet	Ja		
Zylinderkopf	Edelbrock	Nockenwellen	Crane		
Vergaser	McKay's	Ventildeckel	Arlen Ness		
Luftfilter	Don Hotop	Lagerbock für Rollenstößel	Arlen Ness		
Auspuffkrümmer/Schalldämpfer	Cycle Shack	Stößelrohre	Arlen Ness		
Zündung	Crane	Primär/Seitendeckel	Drag Specialties/Don Hotop		

Getriebe			
Gänge	5	Kupplung	Barnett-Kupplung
Primärantrieb	H-D, Kette		
Sekundärantrieb	H-D, Zahnriemen		

Verkleidungen / Zubehör / Lackierung			
Schutzbleche vorn/hinten	Drag Specialties		
Custom-Verkleidungen	Don Hotop & Drag Specialties		
Benzintank	Hotop	Öltank	H-D
Sitz	Drag Specialties	Lampen	Drag Specialties
Lackierungsfarbe	Urethane-Lackierung von House of Kolor		
Grafiken	Nancy Brooks, Brooks Sign	Lackierer	Dave Perewitz

165

Besitzer	Jill Bell	Modell	Softail
Typbezeichnung/Name	Santa Fe	Hersteller	Dave Bell

Rahmen			
Rahmen	H-D		
Serie oder umgebaut	um 1,5″ tiefergelegt und geformt		
Vordergabel	H-D		
Hinterradschwinge	H-D mit progressiven Federn		
Vorder/Hinterradbremse	JB		
Räder	H-D	Radgröße vorn/hinten	16″/16″
Reifen	Dunlop	Reifengröße vorn/hinten	16″/16″

Motor					
Baujahr	1996				
Modell	Softail	Bohrung	92,1 mm	Hub	114,35 mm
Gehäuse	Delkron	Zylinder	Sputle		
Hubraum	1600 cm³	Ausgewuchtet	Ja		
Zylinderkopf	Edelbrock	Nockenwellen	Crane, Fireball		
Vergaser	S&S	Ventildeckel			
Luftfilter	S&S mit verlängerter Abdeckung				
Auspuffkrümmer/Schalldämpfer	Sampson				
Zündung	Dyna	Primär/Seitendeckel	H-D		

Getriebe			
Gänge	5	Umbauten	keine
Primärantrieb	H-D, Kette		
Sekundärantrieb	H-D, Zahnriemen		

Verkleidungen / Zubehör / Lackierung			
Schutzbleche vorn/hinten	Street Sweeper		
Custom-Verkleidungen	Paul Erpenbeck		
Benzintank	H-D, verlängert		
Sitz	Capitol H-D	Lenker	Beach bars
Lackierungsfarbe	beige, creme, korall und türkis		
Grafiken	Paul Erpenbeck	Verchromung	Browns Plating

166

Besitzer	Bob Dron	Modell	FLSTC
Typ/Name	Roadster Royale	Hersteller	Bob Dron Design Center

Rahmen			
Rahmen	Softail-Stil, erbaut von Daytec		
Serie oder umgebaut	38° gereckt		
Vordergabel	H-D/Buell		
Hinterradschwinge	Daytec		
Vorder/Hinterradbremse	Buell		
Räder	Buell	Radgröße vorn/hinten	17"/17"
Reifen	Dunlop	Reifengröße vorn/hinten	120x17 / 170x17

Motor					
Baujahr	1993, neu aufgebaut von Bob Dron H-D				
Modell	Evo	Bohrung	88,9 mm	Hub	108 mm
Gehäuse	H-D	Zylinder	H-D		
Hubraum	1340 cm³	Ausgewuchtet	Ja, von Bob Dron Des.Cen.		
Zylinderkopf	Edelbrock	Nockenwellen	Crane 316 B		
Vergaser	Edelbrock, Quiksilver	Ventildeckel	H-D		
Luftfilter	Serie mit Nieten	Lagerbock für Rollenstößel	H-D		
Auspuffkrümmer/Schalldämpfer	Vance & Hines				
Zündung	Compu-Fire				

Getriebe					
Gänge	5	Kupplung	H-D	Umbauten	keine
Primärantrieb	H-D, Kette				
Sekundärantrieb	H-D, Zahnriemen				

Verkleidungen / Zubehör / Lackierung			
Schutzbleche vorn/hinten	Bob Dron Design Center		
Custom-Verkleidungen	Steve Moal		
Benzintank	FXRS mit Abdeckungen	Lenker	883er H-D/H-D-Griffe
Sitz	Das nennen Sie einen Sitz?	Lampen	H-D/Bob Dron
Lackierungsfarbe	keine (poliertes Alu, blankes Metall)		
Grafiken	keine	Verchromung	Sherm's

167

Besitzer	Nace Panzica – CCI	Modell	FXSTS
Hersteller	Rick Doss		

Rahmen			
Rahmen	H-D		
Serie oder umgebaut	um 2" tiefergelegt		
Vordergabel	H-D		
Hinterradschwinge	eine Art RDI		
Vorder/Hinterradbremse	Rev Tech, verchromt		
Räder	RDI	Radgröße vorn/hinten	21"/18"
Reifen	Avon	Reifengröße vorn/hinten	3.00x21 / 140x18

Motor					
Baujahr	1989				
Modell	Evo	Bohrung	88,9 mm	Hub	108 mm
Gehäuse	H-D	Zylinder	H-D		
Hubraum	1340 cm³	Ausgewuchtet	Ja		
Zylinderkopf	Rev Tech	Nockenwellen	Rev Tech 40		
Vergaser	Rev Tech				
Luftfilter	Rev Tech RDI				
Auspuffkrümmer/Schalldämpfer	RDI				
Zündung	Rev Tech	Primär/Seitendeckel	H-D		

Getriebe			
Gänge	5	Umbauten	Rev-Tech-Zahnräder
Primärantrieb	H-D, Kette		
Sekundärantrieb	H-D, Zahnriemen		

Verkleidungen / Zubehör / Lackierung			
Schutzbleche vorn/hinten	RDI, Eigenbau		
Custom-Verkleidungen	RDI		
Benzintank	RDI, verlängert	Lenker	CCI von RDI
Sitz	Danny Gray	Lackierer	Tommy Fowler
Lackierungsfarbe	schimmerndes Perlgelb		
Grafiken	Eddie Meeks	Verchromung	Browns Plating

168

Besitzer	Nace Panzica – CCI	Modell	FXSTC
Typbezeichnung/Name	Eclipse	Hersteller	Rick Doss

Rahmen			
Rahmen	H-D/RDI		
Serie oder umgebaut	um 2″ tiefergelegt, Reckung/Gabelwinkel -1″		
Vordergabel	H-D/RDI, um 1,5″ gekürzt		
Hinterradschwinge	progressiv, 1″ über Serie		
Vorder/Hinterradbremse	Rev Tech, verchromt		
Räder	RDI	Radgröße vorn/hinten	21″/16″
Reifen	Avon	Reifengröße vorn/hinten	3.00x21 / 140x16

Motor					
Baujahr	1992				
Modell	Evo	Bohrung	88,9 mm	Hub	108 mm
Gehäuse	STD	Zylinder	H-D		
Hubraum	1340 cm³	Ausgewuchtet	Ja		
Zylinderkopf	Rev Tech	Nockenwellen	Rev Tech 40		
Vergaser	Rev Tech	Ventildeckel			
Luftfilter	RDI				
Auspuffkrümmer/Schalldämpfer	RDI				
Zündung	Rev Tech	Primär/Seitendeckel	H-D		

Getriebe			
Gänge	5	Umbauten	Rev-Tech-Zahnräder
Primärantrieb	H-D, Kette		
Sekundärantrieb	H-D, Zahnriemen		

Verkleidungen / Zubehör / Lackierung			
Schutzbleche vorn/hinten	RDI, Eigenbau		
Custom-Verkleidungen	RDI		
Benzintank	RDI, verlängert, umgebaute Verschlüsse		
Sitz	Danny Gray	Lenker	CCI von RDI
Lackierungsfarbe	schwarz	Lackierer	Tommy Fowler
Grafiken	Edelstahl-Embleme	Verchromung	Browns Plating

169

Besitzer	Bob McKay	Modell	Bar Hopper
Hersteller	Bob McKay		

Rahmen			
Rahmen	Chopper Guys		
Serie oder umgebaut	1,75″ verlängert, Reckung/Gabelwinkel -30°		
Vordergabel	Ness		
Hinterradschwinge	keine (Starrahmen)		
Vorder/Hinterradbremse	Rev Tech CCI		
Räder	Ness	Radgröße vorn/hinten	21″/16″
Reifen	Avon	Reifengröße vorn/hinten	90/90x21 / 200/60x16

Motor					
Baujahr	1997				
Modell	Evo	Bohrung	92,1 mm	Hub	117,5 mm
Gehäuse	T.P. Engineering	Zylinder	S&S		
Hubraum	1565 cm³	Ausgewuchtet	Ja		
Zylinderkopf	Edenbruch	Nockenwellen	Crane		
Vergaser	Mikuni				
Luftfilter	Mikuni				
Auspuffkrümmer/Schalldämpfer	McKay's Sampson				
Zündung	Crane Hi-4	Primär/Seitendeckel	Ness		

Getriebe			
Gänge	5	Umbauten	komplette enge Andrews-Übersetzung
Primärantrieb	H-D, Kette		
Sekundärantrieb	H-D, Zahnriemen		

Verkleidungen / Zubehör / Lackierung			
Schutzbleche vorn/hinten	keins/Jesse James		
Custom-Verkleidungen	McKay's		
Benzintank	Ness, versteckte Aufhängung (Silentblöcke)		
Sitz	Danny Gray	Lenker	Ness
Lackierungsfarbe	Chevy-rot	Lackierer	Bob McKay
Grafiken	keine	Verchromung	Plating House

170

Besitzer	Harley-Davidson Großbritannien	Modell	FLSTS
Typ/Name	Heritage Springer	Hersteller	H-D Motor Company

Rahmen			
Rahmen	H-D, Einschleifen-Rohrrahmen, unten gegabelt		
Serie oder umgebaut	Serie		
Vordergabel	Springer-Stil, verchromt		
Hinterradschwinge	H-D, Rundrohr-Stahlschwinge		
Vorder/Hinterradbremse	H-D-Scheibenbremse		
Räder	H-D	Radgröße vorn/hinten	16"/16"
Reifen	Weißwandreifen	Reifengröße vorn/hinten	16"/16"

Motor			
Baujahr	1998		
Modell	Evolution	Bohrung	88,9 mm
Hub	108 mm		
Gehäuse	H-D	Zylinder	H-D
Hubraum	1340 cm^3	Ausgewuchtet	H-D
Zylinderkopf	H-D	Nockenwellen	H-D
Vergaser	H-D	Ventildeckel	H-D
Luftfilter	H-D	Lagerbock für Rollenstößel	H-D
Auspuffkrümmer/Schalldämpfer	H-D, zwei-in-eins mit Fishtail-Dämpf.		
Zündung	H-D	Primär/Seitendeckel	H-D

Getriebe					
Gänge	5	Kupplung	H-D	Umbauten	keine
Primärantrieb	Kette				
Sekundärantrieb	Zahnriemen				

Verkleidungen / Zubehör / Lackierung			
Schutzbleche vorn/hinten	H-D		
Rücklicht	Tombstone		
Benzintank	H-D mit Instrumentenhalter		
Sitz	Werks-Custom	Lenker	FLH-Stil
Lackierungsfarbe	Farben des 95. Jubiläums		
Grafiken	H-D	Lackierer	H-D

171

Europäische Custom-Harleys

Besitzer	Battistinis	Modell	FXR
Typbezeichnung/Name	The FXR-SS	Hersteller	Jeff Duval

Rahmen

Rahmen	FXR-Custom von 1993, gebaut von Batt Gang/Cobra		
Serie oder umgebaut	um 5" verlängert, gereckt 40°		
Vordergabel	Prototyp, Ness-Gabelbrücken, gebaut von Battistinis/G. Duffy		
Hinterradschwinge	Ness	Federbeine	Ness, gefräst
Vorder/Hinterradbremse	PM 13", Viper-Scheibe mit 2 PM-Bremssätteln		
Räder	Ness/SS-Sp./Akront-Felg.	Radgr. v/h	2.50x19/4.25x16
Reifen	Metzeler	Reifengr. v/h	100/90x19 / 150/60x16

Motor

Baujahr	1992, neu aufgebaut bei Carl's Speed Shop				
Modell	Evo	Bohrung	92,1 mm	Hub	108 mm
Gehäuse	S&S	Zylinder	Carl's Speed Shop		
Hubraum	1440 cm³	Ausgewuchtet	Serie		
Zylinderkopf	Carl's Speed Shop	Nockenwellen	C.S.Shop, CM 580		
Vergaser	S&S	Ventildeckel	Ness		
Luftfilter	Velo Stack	Lagerbock für Rollenstößel	Serie		
Auspuffkrümmer/Schalldämpfer	Batt Gang Custom				
Zündung	Crane Single Fire Hi-4	Primär/Seitendeckel	Ness		

Getriebe

Gänge	5	Kupplung	Barnett	Umbauten	poliert
Primärantrieb	Kette				
Sekundärantrieb	Zahnriemen				

Verkleidungen | Zubehör | Lackierung

Schutzbleche vorn/hinten	Batt Gang Custom		
Custom-Verkleidungen	RDI	Benzintank	Ness Custom
Lenker	Ness Drag, gefräste seidenmatte Griffe von Ness		
Sitz	Dave Batchelar	Lampen	Ness/Batt Gang
Lackierungsfarbe	Team Lotus Racing	Lackierer	Terry Spencer
Grafiken	Terry Spencer	Verchromung	London Chroming

172

Besitzer	Battistinis	Modell	Softail
Typbezeichnung/Name	The Cruiser	Hersteller	Jeff Duval

Rahmen

Rahmen	Sumax Rubbermount, umgebaut von Battistinis		
Serie oder umgebaut	um 6" verlängert, gereckt 40°		
Vordergabel	vorverlegte Achse, 2" gekürzt, Ness-Gabelbrücken		
Hinterradschwinge	Cobra Engineering	Federbeine	progressiv
Vorder/Hinterradbremse	Doppelscheibe PM 125x4R/PM 125x4R		
Räder	PM-Naben/Akront-Felg.	Radgr. v/h	1.85x21/5.5x18
Reifen	Metzeler	Reifengr. v/h	80/90x21 / 180/55x18

Motor

Baujahr	1994, neu aufgebaut von Rich Products/Ness		
Modell	Evo		
Gehäuse	Delkron Custom	Zylinder	Axtell
Hubraum	2050 cm³	Ausgewuchtet	Rich Products
Zylinderkopf	STD, überholt	Nockenwellen	4 x Delkron Custom
Vergaser	S&S Super D	Ventildeckel	Ness
Luftfilter	Ness, gerieft	Lagerbock für Rollenstößel	H-D
Auspuffkrümmer/Schalldämpfer	Edelstahlkr., Kalaschnikov-Dämpf.		
Zündung	Crane Hi-4	Primär/Seitendeckel	Ness

Getriebe

Gänge	5	Kupplung	Barnett	Umbauten	poliert
Primärantrieb	Kette				
Sekundärantrieb	O-Ring-Kette				

Verkleidungen | Zubehör | Lackierung

Schutzbleche vorn/hinten	Alu-Eigenbau/»Cruiser-Serie«		
Benzintank	»Cruiser-Serie«	Lenker	Ness Drag, gefl.Griffe v.Ness
Sitz	Dave Batchelar	Lampen	Headwinds/Ness
Lackierungsfarbe	Mittelmeer-Candyblau		
Grafiken	feuerrote Flammen und Schatten		
Verchromung	London Chroming	Lackierer	Jeff McCann

173

Besitzer	Battistinis	Modell	Softail
Typbezeichnung/Name	Paint it Black	Hersteller	Rikki Battistini

Rahmen			
Rahmen	H-D Softail, um 1" tiefergelegt		
Serie oder umgebaut	um 5" verlängert, gereckt 35°		
Vordergabel	Battistinis, um 2" verlängert, Ness-Gabelbrücken		
Hinterradschwinge	H-D, um 1" veräng.	Federbeine	progr. verch.
Vorder/Hinterradbremse	Ness, PM-Vierkolbensättel, vorne doppelt		
Räder	Ness-Naben/Akront-Felg.	Radgr. v/h	1.85x21/5.5x18
Reifen	Metzeler	Reifengr. v/h	80/90x21 / 180/55x18

Motor					
Baujahr	1997, neu aufgebaut von Battistinis				
Modell	S&S/Patrick Billet	Bohrung	92,1 mm	Hub	108 mm
Gehäuse	S&S	Zylinder	Patrick Billet		
Hubraum	1475 cm^3	Ausgewuchtet	Ness		
Zylinderkopf	Patrick Billet	Nockenwellen	Crane Fireball		
Vergaser	S&S Super E	Ventildeckel	Ness		
Luftfilter	Ness	Lagerbock für Rollenstößel	H-D		
Auspuffkrümmer/Schalldämpfer	Ness/Bub, Dämpfer von Bub				
Zündung	Crane Hi-4	Primär/Seitendeckel	Ness		

Getriebe					
Gänge	5	Kupplung	Barnett	Umbauten	poliert
Primärantrieb	Kette				
Sekundärantrieb	O-Ring-Kette				

Verkleidungen / Zubehör / Lackierung			
Schutzbleche vorn/hinten	Battistinis, Alu-Eigenbau		
Benzintank	»Cruiser-Serie«	Lenker	Battist., 4"-Riser, Ness-Griffe
Sitz	Danny Gray	Lampen	Ness/Ness-Katzenauge
Lackierungsfarbe	schwarz und dunkelgrau metallic, PPG		
Grafiken	japanisch blattiert	Lackierer	Jeff McCann
Verchromung	London Chroming		

174

Besitzer	Richard Taylor	Modell	Zweiliter-Turbolader
Typbezeichnung/Name	Twin Blower	Hersteller	Richard Taylor

Rahmen			
Rahmen	P&D Custom		
Serie oder umgebaut	verlängert, gereckt 35°, geformt und tiefergelegt		
Vordergabel	Suzuki GSX-R 1100, verkürzt		
Hinterradschwinge	Eigenbau	Federbeine	Serie, umgebaut
Vorder/Hinterradbremse	4/2 Sechskolbensättel von Harrison		
Räder	Akront	Radgröße vorn/hinten	3.00x19 / 5.75x18
Reifen	Metzeler	Reifengröße v/h	110/90x19 / 180/55x18

Motor					
Baujahr	1980, neu aufgebaut von R.J. Taylor/Matts Engineering				
Modell	John Harmann	Bohrung	120,7 mm	Hub	Serie
Gehäuse	Harman	Zylinder	Harman		
Hubraum	2000 cm^3	Ausgewuchtet	Ja		
Zylinderkopf	Harman	Nockenwellen	Andrews, steile Nock.		
Vergaser	2 Stück Dell'Orto DHLA 45				
Luftfilter	K&N	Lagerbock für Rollenstößel	H-D		
Auspuffkrümmer/Schalldämpfer	Eigenbau				
Zündung	Crane Hi-4	Primär/Seitendeckel	H-D/Eigenbau		

Getriebe					
Gänge	5	Kupplung	H-D	Umbauten	spiegelverkehrte Gangs.
Primärantrieb	Kette				
Sekundärantrieb	Regina-Kette, Ritzel 24 Z., Kettenblatt 48 Z.				

Verkleidungen / Zubehör / Lackierung			
Schutzbleche vorn/hinten	Eigenbau von P&D		
Custom-Verkleidungen	R.J. Taylor + P&D		
Benzintank	H-D Sportster, umgebaut	Lenker	P&D
Sitz	P&D	Lampen	Rücklicht: Katzenaugen
Lackierungsfarbe	Cherry (kirschrot)	Lackierer	Matt the Painter
Grafiken	Kirschtropfen	Verchromung	London Chroming

175

Besitzer	Andrew Peters	Modell	1994 Jeez Louise!
Typbezeichnung/Name	Eleganté	Hersteller	Andrew Peters

Rahmen

Rahmen	Jeez Louise		
Serie oder umgebaut	Jeez Louise, verlängert und gereckt		
Vordergabel	Jeez Louise, 4″ Überlänge		
Hinterradschwinge	Jeez Louise	Federbeine	H-D FLH
Vorder/Hinterradbremse	Sechs-/Vierkolbensättel, je poliert u. gefräst		
Räder	Jeez Louise	Radgröße vorn/hinten	21″/15″
Reifen	Avon/Pirelli	Reifengröße vorn/hinten	3.00x21 / 185x15

Motor

Baujahr	1974, neu aufgebaut von Jeez Louise				
Modell	Shovel	Bohrung	Serie	Hub	Serie
Gehäuse	H-D	Zylinder	H-D		
Hubraum	1200 cm³	Ausgewuchtet	Ja, von JL		
Zylinderkopf	H-D	Nockenwellen	H-D		
Vergaser	SU	Lagerbock für Rollenstößel	H-D		
Luftfilter	Velocity, Basis von Jeez Louise				
Auspuffkrümmer/Schalldämpfer	Jeez Louise				
Zündung	Crane Single Fire	Primär/Seitendeckel	H-D		

Getriebe

Gänge	5	Kupplung	H-D	Umbauten	poliertes Gehäuse
Primärantrieb	H-D, Kette				
Sekundärantrieb	Jeez-Louise-Kette, Ritzel: 23 Z., Kettenblatt: 51 Z.				

Verkleidungen | Zubehör | Lackierung

Schutzbleche vorn/hinten	Glasfaser von Jeez Louise		
Custom-Verkleidungen	Jeez Louise		
Benzintank	Jeez Louise	Lenker	Jeez Louise, Edelstahl
Sitz	Conolly hide	Lampen	Jeez Louise
Lackierungsfarbe	grün auf chreme	Lackierer	JL u. Cockney Dave
Grafiken	Jeez Louise	Verchromung	alles Edelstahl

176

Besitzer	Steve Morley (»Big Steve«)	Modell	FXR
Typbezeichnung/Name	Yellow Hammer	Hersteller	Steve Morley

Rahmen

Rahmen	FXR		
Serie oder umgebaut	umgebaut von Big Steve		
Vordergabel	Suzuki GSX-R, um 3″ verläng., Gabelbr. v.Big Steve u. Bob		
Hinterradschwinge	Big Steve u. Notts Custom	Federbeine	progressiv
Vorder/Hinterradbremse	PM-Scheiben, 2 Sechskolbensättel/1 Vierkolb.		
Räder	Rev Tech	Radgröße vorn/hinten	16″/16″
Reifen	Dunlop	Reifengröße vorn/hinten	5.00x16

Motor

Baujahr	1991, neu aufgebaut von Jummy Doom, Flowtech				
Modell	Big Twin	Bohrung	Serie	Hub	Serie
Gehäuse	H-D	Zylinder	H-D		
Hubraum	1340 cm³	Zylinderkopf	Ventilsitze mit 4 Wink.		
Nockenwellen	Andrews EV 3, geändert				
Vergaser	Carl's Speed Shop »Typhoon«				
Luftfilter	Carl's Speed Shop	Lagerbock f. Rollenst.	HeadQuarters		
Auspuffkrümmer/Schalldämpfer	Big Steve und Grand Fabrication				
Zündung	Dyna Single-Fire, Wettbewerbsausführung				

Getriebe

Gänge	5	Kupplung	Serie	Umbauten	Serie
Primärantrieb	H-D, Kette, Chromabdeckung				
Sekundärantrieb	Zahnriemen				

Verkleidungen | Zubehör | Lackierung

Schutzbleche vorn/hinten	Big Steve und Steve Gagg		
Benzintank	Big Steve und Steve Gagg	Sitz	Big Steve
Lenker	Big Steve und Bob	Lackierer	Big Steve u. Steve Lowe
Lampen	Big Steve und Bob (Rücklicht, Katzenauge)		
Lackierungsfarbe	gelb, perlgelb u. purpur, 2-Schicht		
Grafiken	Big Steve u. Steve Lowe	Verchromung	London Chroming

177

Besitzer	George Savage	Modell	Ultra Classic Electra Glide v. 1993
Typbezeichnung/Name	Suttle	Hersteller	George Savage

Rahmen			
Rahmen	FLH		
Serie oder umgebaut	Serie		
Vordergabel	Telegabel		
Hinterradschwinge	FLH	Federbeine	Serie
Vorder/Hinterradbremse	Doppelscheibe/Einzelscheibe		
Räder	10-Speichen-Gussräder	Radgröße vorn/hinten	16″/16″
Reifen	Dunlop Tourism Elite	Reifengröße vorn/hinten	16″/16″

Motor					
Baujahr	1973				
Modell	Evo	Bohrung	Serie	Hub	Serie
Gehäuse	H-D	Zylinder	H-D		
Hubraum	1340 cm³	Ausgewuchtet			
Zylinderkopf	H-D	Nockenwellen	H-D		
Vergaser	H-D	Ventildeckel	H-D		
Luftfilter	H-D	Lagerbock für Rollenstößel	H-D		
Auspuffkrümmer/Schalldämpfer	zwei-in-eins				
Zündung	elektronisch				

Getriebe					
Gänge	5	Kupplung	Serie	Umbauten	Serie
Primärantrieb	Kette				
Sekundärantrieb	Zahnriemen				

Verkleidungen	Zubehör	Lackierung	
Schutzbleche vorn/hinten	Serie, FLHT		
Custom-Verkleidungen	keine		
Benzintank	Fatbob	Lenker	verkleidet
Sitz	Doppelsitzbank	Lampen	H-D
Lackierungsfarbe	schwarz	Lackierer	H-D
Grafiken	H-D	Verchromung	H-D

178

Besitzer	Nicolas Chauvin	Modell	H-D 1980
Typ/Name	Tribute to Stevie Ray Vaughan	Hersteller	N. Chauvin

Rahmen			
Rahmen	Nicolas Chauvin		
Serie oder umgebaut	verlängert, gereckt und tiefergelegt		
Vordergabel	Kayaba Upside-down		
Hinterradschwinge	um 10 cm verläng.	Federbeine	Yamaha FZX
Vorder/Hinterradbremse	Vierkolbensättel/Zweikolbensättel, alles Nissin		
Räder	Suzuki GSX-R/Wild	Radgröße vorn/hinten	17″/15″
Reifen	Goodyear Agnatred	Reifengr. v/h	120/70x17 / 205/70x15

Motor					
Baujahr	1980				
Modell	Shovelhead	Bohrung	Serie	Hub	Serie
Gehäuse	Delkron	Zylinder	H-D		
Hubraum	1340 cm³	Ausgewuchtet	Ja		
Zylinderkopf	Serie	Nockenwellen	Rivera »Macho«		
Vergaser	Dell'Orto	Ventildeckel	Morris		
Luftfilter	Nicolas Chauvin	Lagerbock für Rollenstößel	Andrews		
Auspuffkrümmer/Schalldämpfer	Nicolas Chauvin				
Zündung	Morris M5, MSF-Doppelzünd.	Primär/Seitend.	Chauvin		

Getriebe					
Gänge	4	Kupplung	Barnett Kevlar	Umbauten	Remoce-Getriebe
Primärantrieb	Karata-3″-Zahnriemen mit Abdeckung				
Sekundärantrieb	Kette				

Verkleidungen	Zubehör	Lackierung	
Schutzbleche vorn/hinten	Suzuki GSX-R/Nicolas Chauvin		
Custom-Verkleidungen	Nicolas Chauvin		
Benzintank	Nicolas Chauvin	Lenker	Nicolas Chauvin
Sitz	Nicolas Chauvin	Lampen	Bates/Nicolas Chauvin
Lackierungsfarbe	Leuchtfarben-Candy	Lackierer	N. Chauvin
Grafiken	Nicolas Chauvin	Verchromung	Nicolas Chauvin

179

Besitzer	Danny Franssen	Modell	Evo
Typbezeichnung/Name	Harley Trike	Hersteller	Danny Franssen

Rahmen

Rahmen	entworfen vom Besitzer, hergestellt von A. Johansson		
Serie oder umgebaut	1"-Unterzüge, gereckt 50°		
Vordergabel	Eigenbau, 10" Überlänge		
Hinterradschwinge	keine	Federbein/e	keine/Starrahmen
Hinterradbremse	CNC-gefräst		
Räder	Boyd's/Colorado Custom	Radgröße v/h	21"/$12^1/_2$x15"
Reifen	Avon/Yokohama	Reifengr. v/h	3.00x21 / 345/35x15

Motor

Baujahr	1996				
Modell	Evo	Bohrung	92,1 mm	Hub	114,3 mm
Gehäuse	H-D	Zylinder	H-D		
Hubraum	1500 cm^3	Ausgewuchtet	H-D		
Zylinderkopf	H-D, Kanäle fließpoliert	Nockenwellen	Sifton		
Vergaser	Weber 40 mm	Ventildeckel	H-D		
Luftfilter	SU-Basis, verändert, K&N-Filter				
Auspuffkrümmer/Schalldämpfer	Eigenbau, mit Supertrapp-Lamellen				
Zündung	Andrews	Primär/Seitendeckel	H-D, verändert		

Getriebe

Gänge	5	Kupplung	Fußkupplung	Umbauten	Jockey-Gangsch.
Primärantrieb	Zahnriemen				
Sekundärantrieb	Kette				

Verkleidungen | Zubehör | Lackierung

Schutzbleche vorn/hinten	keine		
Custom-Verkleidungen	Danny Franssen		
Benzintank	Sportster, verlängert und tiefergelegt		
Sitz	Danny Franssen	Lampen	Headwinds
Lackierungsfarbe	satin-aluminiumgrau	Lackierer	Alain Gielen
Grafiken	Satin-gelb mit weißen Streifen	Verchromung	Lemmens

180

Besitzer	Kenth Arvidsson, Schweden	Modell	H-D
Typbezeichnung/Name	Red Viking	Hersteller	Kenth Arvidsson

Rahmen

Rahmen	Hogtech		
Serie oder umgebaut	um 2,5" verlängert, gereckt 49°, um 1,5" gekürzt		
Vordergabel	Tolle, um 23" verlängert		
Hinterradschwinge	Starrahmen	Federbein/e	keine
Vorder/Hinterradbremse	ISR	Speichenanzahl v/h	120/120
Räder	Eigenbau	Radgr. vorn/hinten	2.75x18/185x14"
Reifengröße vorn/hinten	2.75x18 / 185x14		

Motor

Baujahr	1991		
Modell	Evo		
Gehäuse	H-D	Zylinder	H-D
Hubraum	1340 cm^3	Ausgewuchtet	Nein
Zylinderkopf	C.S.S.		
Nockenwellen	Andrews E		
Vergaser	S&S		
Luftfilter	S&S		
Auspuffkrümmer/Schalldämpfer	Eigenbau		

Getriebe

Gänge	4	Kupplung	H-D	Umbauten	H-D
Primärantrieb	1,5"-Zahnriemen				
Sekundärantrieb	Kette, Ritzel: 27 Z./Kettenrad: 46 Z.				

Verkleidungen | Zubehör | Lackierung

Schutzbleche vorn/hinten	keins/Eigenbau		
Custom-Verkleidungen	Kenth Arvidsson		
Benzintank	Mustang, verändert	Lenker	Kent
Sitz	Kenth Arvidsson		
Lackierungsfarbe	dunkel-kirschrot	Lackierer	Bosse Jensen
Grafiken	Wiking-Runen	Verchromung	Nicroma

181

Besitzer	Marié Rashussen, Schweden	Modell	H-D
Typ/Name	Medusa	Hersteller	Peter Jeluemyr, Balls Choppers

Rahmen			
Rahmen	H-D, 1955		
Serie oder umgebaut	H-D, um 1" verlängert, gereckt 44°		
Vordergabel	Tolle, umgebaut		
Hinterradschwinge	Starrahmen	Federbein/e	keine
Vorder/Hinterradbremse	Tolle ISR		
Räder	Eigenbau-Naben, Akront-Felgen	Radgröße v/h	19"/19"
Reifen	Pirelli	Reifengröße v/h	90/90x19 / 180/55x19

Motor			
Baujahr	1993		
Modell	Evo		
Gehäuse	H-D	Zylinder	H-D
Hubraum	1340 cm³	Ausgewuchtet	H-D
Zylinderkopf	H-D		
Nockenwellen	H-D		
Vergaser	H-D		
Luftfilter	H-D		
Auspuffkrümmer/Schalldämpfer	Eigenbau, Edelstahl		

Getriebe			
Gänge	5	Kupplung	H-D
Primärantrieb	Kette		
Sekundärantrieb	Kette		

Verkleidungen Zubehör Lackierung			
Schutzbleche vorn/hinten	keins/Eigenbau		
Custom-Verkleidungen	Balls Choppers		
Benzintank	Yamaha 125		
Sitz	Bosse Sybo, Schweden		
Lackierungsfarbe	Schlangenhaut	Lackierer	Ray Hill
Grafiken	Medusa		

182

Besitzer	DiDi/Custom Ranch	Modell	FXST
Typbezeichnung/Name	John Deere	Hersteller	Custom Ranch

Rahmen			
Rahmen	Softail/VG Frames, Holland		
Serie oder umgebaut	um 1" verlängert, gereckt 36°, um 2" tiefergel.		
Vordergabel	Springer, 2" Unterlänge		
Hinterradschw.	VG Frames	Federbein/e	Luftfederb. v. Fournales
Vorder/Hinterradbremse	ISR, Edelstahl-Sättel		
Räder	SSC	Radgröße vorn/hinten	15"/15"
Reifen	Metzeler	Reifengröße vorn/hinten	150/90x15 / 220/70x15

Motor					
Baujahr	1995				
Modell	Evo	Bohrung	92,1 mm	Hub	117,5 mm
Gehäuse	S&S	Zylinder	S&S		
Hubraum	1600 cm³	Ausgewuchtet	Ja, von S&S, USA		
Zylinderkopf	S&S	Nockenwellen	S&S 562, High Performance		
Vergaser	S&S Super G				
Luftfilter	S&S Teardrop	Lagerbock für Rollenstößel	S&S		
Auspuffkrümmer/Schalldämpfer	Custom Ranch				
Zündung	Dynaas Single Fire	Primär/Seitendeckel	3"-Zeller-Zahnr.		

Getriebe					
Gänge	4	Kupplung	Zellner	Umbauten	Andrews-Zahnräder
Primärantrieb	Zahnriemen von Zellner, Deutschland				
Sekundärantrieb	SSC-Kette, Ritzel: 24 Z./Kettenrad: 49 Z.				

Verkleidungen Zubehör Lackierung			
Schutzbleche vorn/hinten	Gabor, Custom Ranch		
Custom-Verkleidungen	Rahmen geformt von Smith		
Benzintank	Custom Ranch, 27 Liter	Lenker	C-R, 118 cm breit
Sitz	Custom Ranch	Lampen	Oldstyle
Lackierungsf.	John Deere (grün/gelb)	Lackierer	Hartl's Car&Bike
Grafiken	Gabor	Verchromung	alle Teile aus Gusseisen

183

Daytona USA
IMPORT · EXPORT, INC.
CLASSIC & EXOTIC CARS & MOTORCYCLES
517

185

186

187

190

191

188

189

192

193

194

195

196

197

198

199

200

201

202

203

204

205

206

207

208

209

210

EXXON
Riccardo's

211

212

213

STOP
RALLY T-SHIRTS
BROKEN SPOKE
SALOON
&MUSEU
SHASTA
47IND
N265C

HARLEY-DAVIDSON
USA
S&S
SUPER
HARLEY-DAVIDSON
USA

Lexikon

1. Motorräder

ACCEL
Hersteller von Zubehör-Zündanlagen.

AERMACCHI
Italienischer Motorradhersteller. 1960 erwarb Harley-Davidson 50 % der Geschäftsanteile, um auf diesem Weg auch kleine, leichte Motorräder anbieten zu können. Doch die Japaner dominierten in diesem Marktsegment und 1977 verkaufte Harley seine Anteile den Italienern zurück.

AME
Einer der ersten deutschen Custombike-Hersteller bei Kassel.

AMF
American Machine & Foundry. Industriekonsortium, das 1969 Harley-Davidson erwarb, die Firma 1980 aber den Geschäftsführern verkaufte.

215

APEHANGER
(»Affenschaukel«) Hoher Lenker, so bezeichnet wegen der Sitzposition mit weit nach oben gereckten Armen.

BAY AREA
Bucht von San Francisco, an deren Ufern ein eigener Stil von Custom-Harleys entstand.

BIG TWIN
Harley-V-Motoren mit großem Hubraum (im Gegensatz zu den kleinen Sportster-Modellen).

216

BILLET
Zubehörteile aus (CNC-) gefrästem Aluminium.

BLOCKHEAD
Spitzname in den USA für den aktuellen Evolution-Motor von Harley-Davidson.

217

BLOWER
Szene-Bezeichnung für einen Turbolader.

BOBBER
Harley oder Indian der Nachkriegszeit, der alle nicht unbedingt notwendigen Teile abmontiert wurden. Ursprung der späteren Chopper.

218

BUELL
Sportmotorrad mit Harley-Sportster-Motor, konstruiert von Eric Buell. Heute von Harley-Davidson vermarktet.

219

CHOPPER
Motorrad, oft eine Harley-Davidson, das in einem bestimmten Stil umgebaut wurde oder von dem lediglich alle überflüssigen Teile entfernt wurden.

CHROME SPECIALTIES INC.
Großer unabhängiger amerikanischer Hersteller von Zubehörteilen.

COFFIN TANK
(»Sarg-Tank«:) Custom-Benzintank, der in den Siebzigern populär war. Form erinnert an einen kleinen Sarg.

CUSTOM CHROME INC.
Großer unabhängiger amerikanischer Hersteller von Zubehörteilen.

DRAG PIPES
Auspuffrohre, deren Form aus dem Dragster-Sport stammt.

220

DRAG SPECIALTIES
Großer unabhängiger amerikanischer Hersteller von Zubehörteilen.

DRESSER
Szene-Bezeichnung für Serien-Harley, die mit Packtaschen und Lenkerverkleidung ausgestattet ist.

221

DUO-GLIDE
Harley-Davidson mit Big-Twin-Motor, Vorder- und Hinterradfederung zwischen 1958 und 1964.

EL
Harley-Davidsons Modellbezeichnung für die erste Maschine mit Knucklehead-Motor (obenliegende Ventile, ohv) mit 1000 cm^3 (61 ci) großem Hubraum.

222

ELECTRA-GLIDE
Harley-Davidson mit Big-Twin-Motor, Vorder- und Hinterradfederung und Elektrostarter. Gebaut seit 1964.

EVO
Kurzform für den Harley-Evolution-Motor.

223

EVOLUTION
V-Zweizylindermotor von Harley-Davidson, gebaut seit 1984.

FATBOB
Bobber- oder frühes Custom-Motorrad. Eine »Fatbob« behielt den serienmäßigen Harley-Davidson-Benzintank, besaß aber gekürzte oder entfernte Schutzbleche.

FATBOB-TANK
Szene-Bezeichnung für den serienmäßigen zweiteiligen Harley-Davidson-Benzintank. Die zwei getrennten Teile haben historische Ursachen: Bei frühen Modellen waren sie für Benzin und Öl vorgesehen.

224

FISHTAIL PIPES
(»Fischschwanz-Pfeifen«.) Schalldämpfer mit flachem Endstück. Heute nur noch nostalgische Form bei Zubehör-Dämpfern.

FL
Werksbezeichnung für Harley-Davidson-Motoren mit 1200 cm^3 (74 ci) und obenliegenden Ventilen (ohv) ab den Knucklehead-Modellen bis zu den heutigen Evo-Motoren mit

Bezeichnung für Seitenventil-Motoren, unabhängig vom Hersteller. (Der Zylinderkopf ist flach wie bei einem Zweitakter.)

225

FRISCO-STIL
(Frisco = Kurzform von »San Francisco«); der »Frisco-Stil« beschreibt die Platzierung des Benzintanks weit oben auf dem oberen Rahmenrohr und stammt aus San Francisco.

FX
Werksbezeichnung für die Super-Glide-Modelle. F weist auf 1213 cm³ (74 ci) hin, das X auf das Vorderteil der Sportster.

FXR
Harley-Davidson-FX-Modelle, deren Motor in Gummi gelagert ist.

226

GARBAGE WAGON
(»Gemüsekarre«) Abfällige Bezeichnung für einen »Dresser«.

GIRDERGABEL
Spezielle Vorderradgabel eines Motorrads, die sich für Customizing wegen ihrer klaren Linien und einfachen Herstellung anbietet.

227

HARDTAIL
(»Hartschwanz«) Szene-Ausdruck für ein Starr-Rahmen-Motorrad, d.h. ohne Hinterradfederung.

und Starr-Rahmen, produziert von 1949 bis 1958.

INDIAN
Letzter großer amerikanischer Konkurrent von Harley-Davidson. Indian-Motorräder wurden in Springfield / Massachusetts zwischen 1901 und 1953 hergestellt.

KNUCKLEHEAD
Erster ohv-Motor von Harley-Davidson, produziert von 1939 bis 1947, unterbrochen vom Zweiten Weltkrieg. Der Name (»Knöchelkopf«) kommt vom Aussehen der Ventildeckel, die an die Knöchel einer geballten Faust erinnern.

LIBERATOR
(»Befreier«) Europäischer Szene-Name für die Harley-Davidson-Militärmodelle WLA und WLC, die im Zweiten Weltkrieg von den Alliierten eingesetzt wurden.

228

LOWRIDER
Typ von Custom-Motorrad, das tiefergelegt ist und daher geringe Sitzhöhe und Bodenfreiheit besitzt. Der Name wurde von Harley-Davidson als Modellbezeichnung übernommen.

LUXURY LINER
(»Luxus-Kreuzer«) Moderner Stil von Harley-Davidson mit reichlicher Verkleidung, die Antithese zu einem Chopper.

MODEL K
Das Harley-Davidson-Modell mit kleinerem Seitenventil-Motor ab 1952, das Vorgänger der Sportster war.

MODEL V
Das Harley-Davidson-Modell mit großem Seitenventil-Motor von 1930 bis 1937.

229

MUSTANG-TANK
Ein bei Customizern beliebter Benzintank. Er stammte ursprünglich von den amerikanischen »Mustang«-Mopeds und wird heute speziell für Custom-Bikes hergestellt.

NEMPCO
Großer unabhängiger amerikanischer Hersteller von Zubehörteilen.

PANHEAD
Harley-Davidson-V-Zweizylindermotoren, die mit obenliegenden Ventilen ausgestattet waren, hergestellt von 1948 bis 1965. Der Name (»Pfannenkopf«) stammt von der Ähnlichkeit der Ventildeckel mit umgedrehten Bratpfannen. Nachfolger der »Knuckleheads«.

PERFORMANCE MACHINE
Zubehör-Hersteller für Bremsteile.

230

P-PAD
Soziussitz (»pillion pad«).

PRISM TANK
(»Prismentank«) Eckige Benzintankform, die in den Siebzigerjahren beliebt war.

PRO-STREET
Ein zeitweiser Stil von Harley-Umbauten, der auf eine bestimmte Klasse von Dragster-Motorrädern zurückgeht.

RAKE AND TRAIL
Rahmen- und Gabelgeometrie eines Motorrades, die das Handling beeinflussen.

RIGID
(»Starr«) Motorradrahmen ohne Hinterradfederung, von Harley-Davidson bis 1958 gebaut.

RIKUO
Lizenzbau von Harley-Davidson in Japan vor dem Zweiten Weltkrieg.

231

RISER
Lenkerschellen auf der oberen Gabelbrücke. Meist wird das Wort für spezielle lange Schellen benutzt, die den Lenker in eine höhere Position bringen.

RUB
Leicht verächtliche Bezeichnung für »Rich Urban Bikers« (»reiche städtische Motorradfahrer«), die sich seit den Achtzigern Harleys zulegen, weil es schick ist.

232

S&S
Smith & Smith; Hersteller von Zubehörteilen zum Tunen von Harley-Motoren.

233

SERVICAR
Harley-Davidson-Dreirad für kommerziellen Nutzeinsatz, hergestellt von 1932 bis 1973, das zur Basis für viele Custom-Trikes wurde.

SHOTGUN PIPE
Form eines Custom-Schalldämpfers, die an ein großkalibriges Gewehr erinnert.

SHOVELHEAD
Ohv-Motor von Harley-Davidson, hergestellt von 1966 bis 1984, Nachfolger der Panhead-Motoren. Der Name (»Schaufelkopf«) stammt von der Ähnlichkeit der Ventildeckel mit umgedrehten Schaufeln.

234

SISSY BAR
Hoher Stahlrohr-Bogen am Heck des Motorrads, das als Rückenlehne dient und oft gleichzeitig als Halterung für das hintere Schutzblech und das Nummernschild. Beliebt bei Custom-Bikes der Siebzigerjahre.

SOFTAIL
Werksbezeichnung von Harley-Davidson für einen Rahmen, der starr aussieht, aber eine versteckte Hinterradfederung besitzt.

SOLO SEAT
Schmaler Einzelsitz, ursprünglich bei Sportster-Modellen, der für Chopper beliebt wurde.

235

SPORTSTER
Harley-Davidson mit kleinerem Motor, gebaut seit 1957. Ursprünglich entworfen als Konkurrenz zu den nach USA importierten britischen Motorrädern.

236

SPORTSTER-TANK
Der elegante Sportster-Benzintank wird von Umbauern gerne auf andere Modelle gesetzt.

SPRINGERGABEL
Frühe Vorderradgabel, von Harley-Davidson bis 1949 verwendet und in den Achtzigern bei Nostalgie-Modellen neu eingeführt.

STARR-RAHMEN
Motorradrahmen ohne Hinterradfederung.

STRAIGHTLEG FRAME
Harley-Rahmen von 1955 bis 1957, der unter Customizern auf Grund seiner klaren Linien sehr gesucht ist. Der Name (»gerade Beine«) kommt von den geraden vorderen Unterzügen.

STRETCH
Verlängerung eines Motorradrahmens.

237

SWING-ARM
Hinterradschwinge, die das Hinterrad führt und von Federbeinen gefedert und gedämpft wird.

TELE
Szene-Kürzel für Teleskop-

238

TELEGABEL
Art der Vorderradführung, die bei Harley mit der Hydra-Glide 1949 eingeführt wurde. In Europa setzte sie sich erst in den Fünfzigerjahren gegen die Vorderradschwinge durch.

239

V-TWIN
Auch V-2-Motor. Motor, dessen zwei Zylinder in V-Form angeordnet sind. Je nach Hubzapfen- und Kurbelwellenanordnung gibt es richtige, unechte und falsche V-Motoren.

V-TWIN MANUFACTURING
Großer unabhängiger amerikanischer Hersteller von Zubehörteilen.

W&W CYCLES
Großer unabhängiger europäischer Hersteller von Zubehörteilen.

WL
Modellbezeichnung für die Harley-Seitenventilermotoren mit 738 cm^3 (45 ci), die von 1937 bis 1951 gebaut wurden.

XA
Harley-Davidson-Boxermotor, der in geringen Stückzahlen im Zweiten Weltkrieg auf Anfrage des US-Militärs gebaut wurde.

240

XA-SPRINGERGABEL
Die Trapezgabeln der XA-Modelle wurden für den Bau von Bobbern und Choppern beliebt, weil sie länger als andere Harley-Seriengabeln waren.

241

XL
Werksbezeichnung für Harley-Sportster-Modelle.

XR

NO

Lexikon
2. Menschen und Szene

243

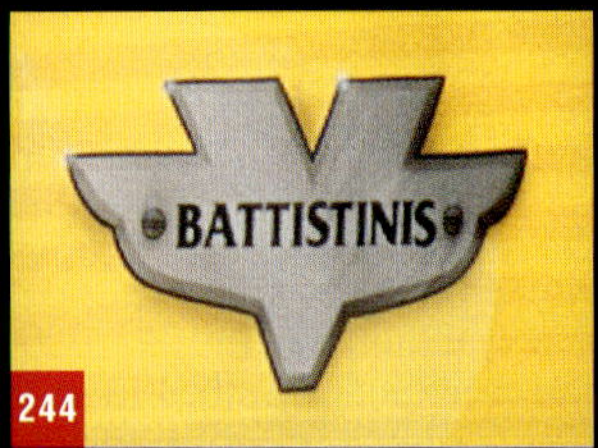

244

ABATE
Abürzung für »A Brotherhood Against Totalitarian Enactments« (»Vereinigung gegen totalitäre Gesetzgebung«).

AMA
Abkürzung für »American Motorcycle Association«. US-Verband von Motorradfahrern, der den Begriff »1%« ins Leben rief. (Siehe auch Eintrag unter *Hollister*.)

AWOL
Britisches Custom-Bike-Magazin.

BACK STREET HEROES
Britisches Custom-Bike-Magazin.

BANDIDOS MC
»1%«-Motorradclub, gegründet in Texas und heute weltweit verbreitet.

BARGER, RALPH »SONNY«
Einer der Gründer des Oakland-Chapters des HAMC.

BATTISTINIS CUSTOM CYCLES
Custom-Motorrad-Bauer und Zubehörhändler aus Bournemouth / England.

245

246

BLACK REBELS MC
Motorradclub im Film *The Wild One*, geführt von Marlon Brando.

BLUE ANGELS MC
Großer schottischer »1%«-Motorradclub.

BMF
Abkürzung für »British Motorcyclist's Federation«, Äquivalent des deutschen BVDM und der amerikanischen AMA.

BULLDOG BASH
Seit 1987 jährliches Biker-Treffen an der Drag-Rennstrecke bei Stratford-upon-Avon / England, organisiert vom HAMC England.

BVDM
Bundesverband der Motorradfahrer. Ältester noch bestehender allgemeiner bundesweiter Motorradfahrerclub in Deutschland (bis 1990 nur BRD). Organisator des »Elefantentreffens«, »Tag des Motorradfahrers« u.ä..

CHAPTER
Regionale Gruppe eines landesweiten »1%«-Motorradclubs.

COBRA MOTORCYCLE ENGINEERING
Britischer Hersteller von Custom-Motorradrahmen, Inhaber: John Parry.

COLOURS
(»Farben«) Abzeichen der »1%«-Motorradclubs.

CUSTOM CHOPPER COOKBOOK
Handbuch von Mike Geokan, das Grundlagenwissen über den Bau von Custom-Harleys vermittelt.

DAVIDSON, WILLIE G.
Enkel des Gründers William A. Davidson. Willie G. trat 1963 in die Design-Abteilung Harley-Davidsons ein. Später entwarf er die Super Glide und die XLCR.

DAYTONA/FLORIDA
Ort des jährlichen »Daytona 200«, eines 200-Meilen(320 km)-Rennens, zu dessen Anlass die berühmte »Daytona Bikeweek« stattfindet.

EASY RIDER
Film von 1969, der Peter Fonda und Dennis Hopper auf ihrer Fahrt zum Mardi Gras in New Orleans auf Panhead-Choppern zeigt.

EASYRIDERS
US-Zeitschrift über Custom-Harleys.

ELECTRA GLIDE IN BLUE
Film von 1973 um einen Motorradpolizisten.

EUROPEAN DEALER NEWS
Britisches Harley- und Zubehörteil-Händlermagazin.

FEM
Abkürzung für »Federation of European Motorcyclists«. Gruppe für die Rechte von Motorradfahrern in Europa.

FINKS MC
Großer und lange bestehender australischer »1%«-Motorradclub.

FREEWAY
Französisches Custom-Bike-Magazin.

FREEWHEELS
Große französische Motorrad-Schau und Motorradfahrer-Treffen bei Clermont-Ferrand, veranstaltet von HAMC Frankreich.

GERMAN BIKE WEEK
Jährliches Motorradfahrer- und Custom-Biketreffen in Deutschland, bisher an jeweils verschiedenen Orten.

HAMC
Abkürzung für »Hells Angels Motorcycle Club«. Ein »1%«-Motorradclub, gegründet in Kalifornien / USA und heute weltweit vertreten.

HAMSTERS MC
Amerikanischer Motorradclub, der sich dem Bau und dem Fahren von Custom-Harleys widmet.

HARLEY-DAVIDSON 45 CLUB
Britischer Club für Besitzer von Harleys mit 738-cm³(45 ci)-Seitenventilmotoren.

HARLEY-DAVIDSON RIDERS CLUB OF GREAT BRITAIN
Unabhängiger Harley-Club, 1949 in Großbritannien gegründet.

250

HARLEY OWNERS GROUP (HOG)
Werksunterstützte weltweite Harley-Fahrer-Organisation.

251

HARRIS, DR MAZ
Britisches Hells-Angels-Mitglied und Autor des Buches *Bikers; Birth of a modern day outlaw (Biker; Geburt eines modernen Gesetzlosen)*, 1985 verlegt von »Faber and Faber«.

HELLS ANGELS MC ENGLAND
Der englische »1%«-Motorradclub ist offizieller Teil der weltweiten Bruderschaft der »Hells Angels« und einer der drei größten »1%«-Clubs im Land.

254

HIGH PERFORMANCE
Deutsches Custom-Bike-Magazin.

LACONIA/NEW HAMPSHIRE
Ort des großen jährlichen Motorradtreffens rund um das Loudon-Rennen.

LEON, RAY
Ray Leon war mit John Wallace unter den Ersten in Großbritannien, die unter Verwendung der damals häufigen Militärmaschinen WLA und WLC (738 cm^3) in den frühen Siebzigerjahren Harleys zu Choppern umbauten.

256

THE LOVELESS
Kultfilm (1981) von Kathryn Bigelow über eine Gruppe von Motorradfahrern auf dem Weg nach Daytona / Florida in den Fünfzigerjahren.

LYNCH REPORT
Bericht einer kalifornischen Agentur aus dem Jahre 1965 zur Verschärfung von Gesetzen über »1%«-Motorradclubs. Er wurde weit verbreitet und zitiert, obwohl er weitgehend auf Vermutungen beruhte.

MACDONALD, W. N.
Autor von *»Outlaw Motorcycle Gangs« (»Gesetzlose Motorradbanden«)*, ein nicht ganz sachlicher Bericht, veröffentlicht von der *Royal Canadian Mounted Police Gazette* 1994.

MAG
Abkürzung für »Motorcycle Action Group«. Interessensvertretung britischer Motorradfahrer.

MASK
Film nach einer wahren Geschichte von Rocky Dennis. Mit den Schauspielern Cher und Sam Elliott zeigt er einen »1%«-Motorradclub in vorteilhaftem Licht.

MC
Abkürzung für »Motorradclub«.

MILWAUKEE/WISCONSIN
Sitz der Fabrik von Harley-Davidson.

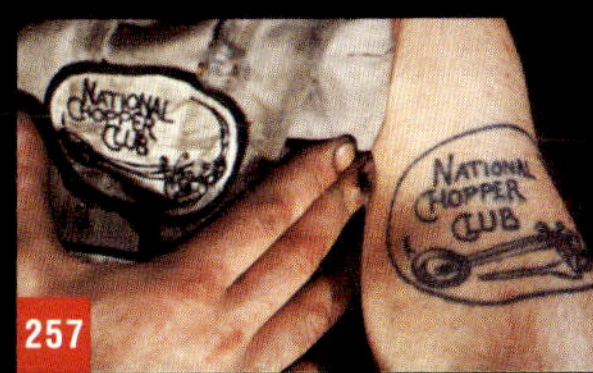

257

NCC
Abkürzung für »National Chopper Club«. Club, der sich dem Bau und Fahren von Custom-Motorrädern widmet. 1973 in Großbritannien gegründet, hat er inzwischen angeschlossene Clubs in ganz Europa.

258

NESS, ARLEN
Langjähriger bekannter Custom-Motorrad-Bauer an der Bucht von San Francisco.

259

NICHOLSON, JACK
Schauspieler, der im Film *Easy Rider* mit Fonda und Hopper auftrat, aber auch bereits vorher in *Hell's Angels On Wheels*, eines einer Serie von Filmen, die das Biker-Thema ausschlachteten. Dazu gehörten u.a. *Hell's Angels '69*, *The Rebel Rousers* und *The Wild One*.

NOTTINGHAM CUSTOM CYCLES
Englischer Custom-Bike-Hersteller mit Sitz in der Stadt Nottingham.

262

OUTLAWS MC (ENGLAND)
Unabhängiger englischer »1%«-Motorradclub, einer der drei größten des Landes.

260

OUTLAWS MC (USA)
Langjähriger und großer »1%«-Motorradclub, inzwischen weltweit.

PATCH
Szene-Begriff für Abzeichen von »1%«-Motorradclubs.

263

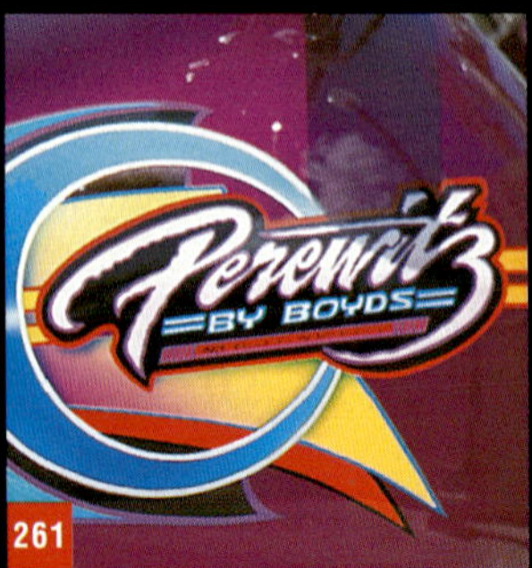

261

PEREWITZ, DAVE
Bekannter amerikanischer Customizer aus Brockton/ Massachusetts.

A PLACE IN HELL
Angebliche Biografie eines der ersten Hells-Angels-Mitglieder. Autor: H. R. Kaye, veröffentlicht 1968.

PLANET ENGINEERING
Custom-Bike-Laden in Wiltshire/ England.

QUADROPHENIA
Britischer Film von 1979 über den Konflikt zwischen Mods und Rockern in den Sechzigerjahren, basiert auf einer Rock-Oper der Band »The Who«.

SONS OF SILENCE MC
(»Söhne der Stille«.) Langjähriger und großer »1%«-Motorradclub in USA.

264

STURGIS, SÜD-DAKOTA
Kleine Stadt in USA, die Gastgeberin des jährlichen »Black-Hills«-Motorradtreffens ist. Das Treffen wurde in den 30er Jahren von Pappy Hoel und dem »Jackpins Gipsies MC« gegründet.

STURGIS
Begrenzte Auflage von Harley-Davidsons Modell »Super Glide« 1980.

SUPER RALLY
Jährliches Treffen für Harley-Davidson-Besitzer. Findet jedes Jahr in einem anderen europäischen Land statt und wird vom jeweiligen lokalen Harley Riders Club organisiert.

THOMPSON, HUNTER S.
Autor des Buches *Hell's Angels* von 1966, einem der ersten seriösen Bücher über die »1%«-Clubs.

THUNDER CYCLES
Deutsches Custom-Bike-Magazin.

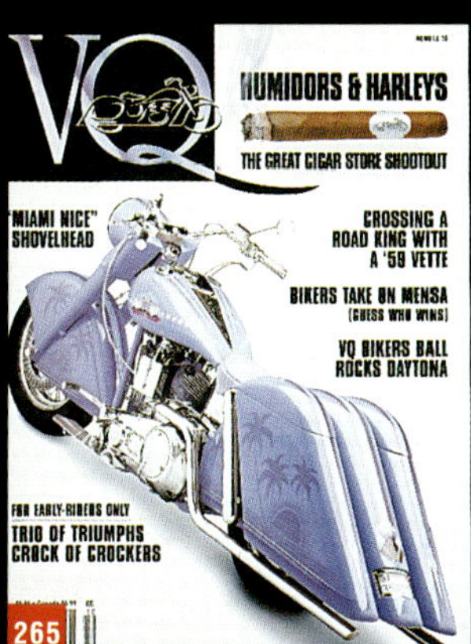

265

VQ
Amerikanisches Magazin für Custom-Harleys vom Herausgeber von *Easyriders*.

WARR, F. H
Europas ältester Harley-Davidson-Händler, gegründet 1926, und bekannter Unterstützer der britischen Harley-Szene in den letzten 75 Jahren.

A WAYWARD ANGEL
George Wethern und Vincent Colnett schlossen sich den Hells Angels an und schrieben 1978 zusammen mit einem ehemaligen Mitglied des Clubs darüber eine Bilanz mit diesem Titel.

266

THE WILD ONE
Film von 1954 von Stanley Kramer, der die Ereignisse in Hollister / Kalifornien im Juli 1947 fiktiv beschreibt.

WOLF, DANIEL R.
Autor von *The Rebels: a brotherhood of outlaw bikers,* einer soziologischen Studie über einen kanadischen »1%«-Club, 1991 veröffentlicht von der »University of Toronto Press«.

267

WYATT
Name der Captain-America-Figur, gespielt von Peter Fonda im Film *Easy Rider.*

YORK/PENNSYLVANIA
Stadt in den USA, wo ein Werk von Harley-Davidson seinen Sitz hat.

Erklärungen zusammengestellt von

Register

Danksagung

Die Barbican Art Gallery möchte sich bei folgenden Persönlichkeiten bedanken, die bei der Entwicklung dieses Projektes in Großbritannien mitgeholfen haben: Peter Alcock, Rikki Battistini, Jeff Duval und Rick James von Battistinis Custom Cycles; Dave Batchelar (P&D); Robin Bradley *(European Dealer News)*; John Carroll; Tony Dowden (Berater); Bob Griffiths *(Heavy Duty)*; Maz Harris (Hells Angels, Kent); Ian Mutch (Berater); Paul Parslow (Berater); Anne Parisio; Snob (Hells Angels, London); Garry Stuart.

Ebenso möchten wir uns bei folgenden Menschen bedanken, die uns bei der Auswahl europäischer Custom-Harleys geholfen haben: Pascal Driessen; Frankie (Frankie's Parts, Schweden); Rainer Grasberge (Direktor des Zweirad- und NSU-Museums, Neckarsulm/Deutschland); Ulf Jensen (Harley-Davidson-Club Schweden); Reinhold Paukner (Paukis Harley-Davidson); Horst Rösner *(High Performance)*; Paul Tompson (Zodiac International UK).

Folgende Personen in den USA haben ebenso bei der Erstellung dieser Ausstellung geholfen: Tim Remus (Auswahlleiter der Ausstellung); Jim Betlach (Drag Specialties); Nace Panzica (Custom Chrome); Arlen Ness; Cherri Ness; Bobby und Arla Sullivan (Sullivan Brothers).

Unseren Dank möchten wir auf die folgenden Harley-Davidson-Mitarbeiter erweitern, die uns bei dem Projekt beraten haben. In Großbritannien: Jeremy Pick, Roy Pinto und David Taylor; in den USA: Steven J. Piehl und Dr. Martin Jack Rosenblum. Außerdem möchten wir John Warr von FH Warr und seinem ganzen Team danken.

Wir bedanken uns sehr bei allen Erbauern von Custom-Harleys für die Unterstützung des Projektes. In den USA: Dave Bell, Rick Doss, Bob Dron, Don Hotop, Cyril Huze, Bob McKay, Arlen Ness mit Familie, Dave Perewitz und Tank Ewsichek. In Großbritannien: Battistinis Custom Cycles, Steve Morley, Jeff Murphy (Riverside Cycles), Andy Peters, George Savage, Richard Taylor. Im übrigen Europa: Nicolas Chauvin, DiDi (Custom Ranch), Danny Franssen, Kenth Arvidsson und Marié Rashussen.

Schließlich geht unser Dank an die folgenden Eigentümer, die ihre Arbeit der Ausstellung zur Verfügung gestellt haben: Jill Bell, The British Film Institute, Flicks, Billy F. Gibbons, Mark George, Martin Henderson (Boot Hill Motorcycles), Bobby und Arla Sullivan, Vintage Magazine Company, Zweirad- und NSU-Museum Neckarsulm/ Deutschland und an alle, die anonym bleiben möchten.

Die Barbican Art Gallery möchte folgenden Persönlichkeiten und Sammlungen für die Leihgabe von Fotografien und das Abdruckrecht für diese Publikation danken:

Kenth Arvidsson: *97, 112, 181*
AWOL: 243
Back Street Heroes: 101
Conrad Bodman: *124, 132, 137*
British Film Institute, Standfotos, Plakate und Entwürfe: *77, 89, 256*
British Film Institute, Standfotos, Plakate und Entwürfe/ Columbia Pictures: *78, 79, 91–93, 234, 245, 248, 266, 267*
Sammlung George Barris: *19–21*
Nicolas Chauvin: *116, 117, 179*
Bigmachines/Steve Coonan: *65*
Bal Croce: *76, 81–90, 259*
Drag Specialties: *163, 165*
Bob Dron: *2, 47–49*
Easyriders: 100
Flicks: *80, 86*
Danny Franssen: *95, 103, 180*
Freeway: 249
Andrew Haines: *18, 42, 118*
Heavy Duty: 246, 251, 252
High Performance: 254
Cyril Huze: *74, 164*
Harley-Davidson Motor Company Archives: *15, 16, 39, 41, 56, 122, 125–129, 148, 149, 171, 221–223, 230, 233, 235, 237, 238, 240, 241*
Geoff Kaine: *94, 173, 228*
Ian Mutch: *98, 99, 106, 232*
Mazda: *43*
Arlen Ness: *72*
Ted Polhemus: *12–14, 17, 23–26, 31, 33, 37, 38, 107, 145, 257*
Marié Rashussen: *111, 182*
Dieter Rebman: *54, 96, 139, 231*
Garry Stuart: *1, 3–7, 9–10, 27–30, 32, 34–36, 40, 45, 51, 52, 55, 57, 58, 68, 75, 104, 105, 119, 120, 130, 131, 133, 136, 138, 140–144, 147, 150–153, 176–178, 184–215, 218, 219, 224–227, 229, 236, 239, 242, 247, 250, 253, 258, 260, 262–264*
Gerd Scheidel: *113–115, 123, 183*
Tim Remus: *8, 46, 50, 53, 59–64, 69–71, 73, 75, 135, 146, 156–161, 164, 166, 167, 170, 220, 261*
San Francisco Chronicle: 255
Alain Sauquet: *109, 174*
Richard Taylor: *44, 102, 134, 175, 216, 217*
Steve Terry: *66, 67, 168, 169*
VQ: 265
Matthew Ward: *11*
John Warr: *154*
Karl Wilson: *108, 110, 172, 244*
Sid Wellings: *121*
Zweirad- und NSU-Museum, Neckarsulm/Deutschland: *155*

Nach bestem Können sind die Fotografen und Besitzer der Rechte an den Veröffentlichungen ausfindig gemacht worden. Der Verlag wird Fehler und Ungenauigkeiten gerne in künftigen Ausgaben korrigieren.